Aufgabe auch der Neubearbeitung soll es sein, einerseits dem Fachmann eine zuverlässige Übersicht über Inhalt und Literatur der genannten Gebiete zu geben, andererseits dem Leser, der nur über eine gewisse mathematische Allgemeinbildung verfügt, das Kennenlernen dieser Gebiete zu erleichtern und ihm einen Überblick zu ermöglichen. Es gilt, einen Mittelweg zu finden zwischen der oft schwerfälligen streng historischen Darstellung und der zu schneller und leichter Unterrichtung nicht immer geeigneten systematischen Darstellung. In manchen Gebieten ist eine große Menge alleinstehender Einzelergebnisse vorhanden, für die heute eine systematische Darstellung überhaupt noch nicht erzielbar ist. In solchen Fällen, wie z. B. in der analytischen Zahlentheorie, scheint eine Gruppierung der Probleme nach den verschiedenen Methoden, die zur Verwendung kommen, am übersichtlichsten zu sein, obwohl sich zur Zeit die Tragweite der einzelnen Methode nicht genau beschreiben läßt.

Bei der Verarbeitung der Literatur wird nicht eine bedingungslose Vollständigkeit erstrebt, weil das zu einer Gleichstellung allgemeiner Ergebnisse von überragender Bedeutung mit unwichtigen Einzelergebnissen führen würde. Von älteren Arbeiten werden überhaupt nur die wichtigsten genannt. Beweise der wichtigsten Sätze werden vielfach in den Hauptpunkten etwa so weit dargestellt, daß sich ein Fachmann daraus den ganzen Beweis selbst aufbauen kann. Den Herausgebern der Neubearbeitung steht bei ihrer schwierigen Arbeit ein internationaler Mitarbeiterstab hervorragender Fachleute für die einzelnen Sachgebiete zur Seite, so daß höchste Zuverlässigkeit auch für den neuen Band der Enzyklopädie gewährleistet ist.

ISBN 978-3-663-19603-7 ISBN 978-3-663-19643-3 (eBook)
DOI 10.1007/978-3-663-19643-3

Gedruckt mit Unterstützung der Deutschen Forschungsgemeinschaft

Ursprünglich erschienen bei B.G Teubner Verlagsgesellschaft mbH, Stuttgart 1958
Satz und Druck: Universitätsdruckerei Mainz GmbH, Mainz

8. ALGEBRAISCHE GLEICHUNGEN MIT REELLEN ODER KOMPLEXEN KOEFFIZIENTEN

VON

WILHELM SPECHT

IN ERLANGEN

Inhaltsübersicht

Einleitung

1. Abgrenzung. Die im 19. Jahrhundert sich anbahnende und im 20. Jahrhundert sich mehr und mehr vollendende gestaltliche Umwandlung der Algebra zu einer allgemeinen Theorie der Strukturen hat in der sog. Theorie der algebraischen Gleichungen zu einer Aufspaltung in zwei Teilgebiete geführt, die nicht nur in ihrer Methode, sondern auch dem Inhalte nach sich wesentlich unterscheiden. Das erste Teilgebiet, dessen Entwicklung durch das berühmte wissenschaftliche Testament von *E. Galois*[1]), den grundlegenden „Traité des substitutions" von *C. Jordan*[2]), die „Algebraische Theorie der Körper" von *E. Steinitz*[3]), das Werk „Moderne Algebra" von *B. L. van der Waerden*[4]) und das Buch „L'algèbre" im Gesamtwerk von *N. Bourbaki*[5]) gekennzeichnet wird, kann als die *Galoissche Theorie der algebraischen Gleichungen* bezeichnet werden. Das zweite Teilgebiet, das seine Existenzberechtigung und Eigenständigkeit nicht nur aus der traditionellen Bindung an die ursprüngliche Aufgabe der Algebra, nämlich der Auflösung numerisch gegebener algebraischer Gleichungen oder Gleichungssysteme, sondern auch aus den zahlreichen Anfragen herleitet, die etwa die Analysis oder die sog. Angewandte Mathematik stellen, trägt den Namen einer *Analytischen Theorie der Polynome*, da es unter modernem Aspekt weniger der Algebra als der komplexen Funktionentheorie einzuordnen ist. Denn die analytische Theorie der Polynome beschäftigt sich ausschließlich mit den Eigenschaften des Polynoms als einer besonderen analytischen Funktion, insbesondere aber mit den geometrischen Beziehungen zwischen den Nullstellen und den Koeffizienten eines gegebenen Polynoms in ihrer Deutung als Punkte der komplexen Zahlenebene, weshalb man diese Theorie auch häufig als *Geometrie der Polynome* bezeichnet. Entwicklung und Ergebnisse dieser analytischen Theorie in ihren Hauptzügen zusammenfassend darzustellen, ist Aufgabe des vorliegenden Artikels.

Monographien:

J. Dieudonné, La théorie analytique des polynomes d'une variable (à coefficients quelconques). Mémorial des sci. math. fasc. **93**, Paris 1938.

M. Marden, The geometry of the zeros of a polynomial in a complex variable. Math. Surveys Vol. **3**, Amer. Math. Soc., New York 1949.

P. C. Rosenbloom, Distribution of zeros of polynomials. Ann Arbor 1955.

J. L. Walsh, The location of critical points of analytic and harmonic functions. Colloquium publications **34**. Amer. Math. Soc., New York 1950.

1) Œuvres math. (par *E. Picard*). Paris 1897.

2) Paris 1870; in Neuauflage Paris 1957.

3) Journal reine angew. Math. **137**, 167—309 (1910); als Buch (herausgegeben von *R. Baer* und *H. Hasse*) Berlin-Leipzig 1930.

4) Berlin 1930; 4. Aufl. bzw. 3. Aufl., Berlin 1955.

5) Elements de Mathématiques, I. partie, Les structures fondamentales, Livre II, L'algèbre. Paris 1942.

2. Grundlagen. Den Untersuchungen zugrunde gelegt ist die Gesamtheit $\Omega[z]$ aller *Polynome* oder *ganzen Funktionen*

$$f(z) = a_0 + a_1 z + a_2 z^2 + \ldots + a_n z^n = \Sigma a_\nu z^\nu$$

einer komplexen Veränderlichen z mit komplexen Koeffizienten $a_0, a_1, a_2, \ldots, a_n$. Im Falle $a_n \neq 0$ ist $f(z)$ ein Polynom vom *Grade* $n = \text{grad}\,(f(z))$, im Falle $a_n = 1$ ein *normiertes* Polynom dieses Grades; andernfalls ist $f(z)$ *höchstens vom Grade* n. Ein *komplexes* Polynom besitzt komplexe, ein *reelles* Polynom ausschließlich reelle Koeffizienten. Hinsichtlich der gewöhnlichen Addition und Multiplikation ist die Menge $\Omega[z]$ aller komplexen Polynome ein *Integritätsbereich über dem Körper* Ω *der komplexen Zahlen*, die Menge $P[z]$ aller reellen Polynome ein *Integritätsbereich über dem Körper* P *der reellen Zahlen*. Der zum Integritätsbereich $\Omega[z]$ bzw. $P[z]$ gehörige *Quotientenkörper* ist der Körper $\Omega(z)$ aller komplexen bzw. der Körper $P(z)$ aller reellen *rationalen Funktionen* in einer Veränderlichen z[6]).

Die komplexen Zahlen $z = x + iy$ in der Aufspaltung $x = \Re z$ und $y = \Im z$ nach *Real-* und *Imaginärteil* lassen sich durch die (endlichen) Punkte (x, y) der (durch den *unendlichen Punkt* $z = \infty$ abgeschlossen gedachten) komplexen Zahlenebene eindeutig darstellen. In der Darstellung $z = re^{i\varphi}$ durch Polarkoordinaten sind $r = |z| = \sqrt{x^2 + y^2}$ der (nichtnegative) *absolute Betrag* und $\varphi = \arg z = \text{arc tg}\,\frac{y}{x}$ das (nur mod 2π eindeutig bestimmte) *Argument* der Zahl z. Schließlich bedeute $\bar{z} = x - iy$ die *Konjugierte* zur komplexen Zahl z. Der Kürze wegen wird die komplexe Zahl z mit dem zugeordneten Punkt der Zahlenebene identifiziert[7]).

Eine offene Teilmenge der Zahlenebene ist ein *Gebiet*; ein *abgeschlossenes Gebiet* (oder *Bereich*) ist ein Gebiet mit Einschluß seines Randes, besteht also (im allgemeinen) aus inneren Punkten und Randpunkten. Für beliebige Gebiete $\mathfrak{G}, \mathfrak{G}^*$ der Ebene bedeute $\mathfrak{G} + \mathfrak{G}^*$ das Gebiet aller Summen $z + z^*$ mit $z \in \mathfrak{G}$, $z^* \in \mathfrak{G}^*$ und $\mathfrak{G}\mathfrak{G}^*$ das Gebiet aller Produkte zz^* mit $z \in \mathfrak{G}$, $z^* \in \mathfrak{G}^*$, für eine feste komplexe Zahl δ insbesondere $\delta\mathfrak{G}$ das Gebiet aller Punkte δz mit $z \in \mathfrak{G}$. Ein abgeschlossenes Gebiet $\mathfrak{K}$ ist ein *konvexer Bereich*, wenn $\frac{1}{2}(\mathfrak{K} + \mathfrak{K})$ in $\mathfrak{K}$ enthalten ist. Für eine beliebige Punktmenge $\mathfrak{M}$ bedeute $\mathfrak{P}(\mathfrak{M})$ den *Pferchbereich* der Menge $\mathfrak{M}$, d. h. die *konvexe Hülle* der Menge $\mathfrak{M}$, also den Durchschnitt aller konvexen Bereiche, die $\mathfrak{M}$ als Teilmenge enthalten, für einen konvexen Bereich $\mathfrak{K}$ und ein beliebiges Argument $0 < \varphi < \pi$ ferner $\mathfrak{S}(\mathfrak{K}, \varphi)$ den *sternförmigen* Bereich, von dessen Randpunkten aus der Bereich $\mathfrak{K}$ unter dem Winkel φ gesehen wird.

6) Vgl. etwa *B. L. van der Waerden*, Algebra, Bd. I.

7) Vgl. etwa *L. Bieberbach*, Einführung in die Funktionentheorie. 2. Aufl. Bielefeld 1952.

Insbesondere heißt *Kreisgebiet* die Menge aller Punkte $z \in \Omega$, die für eine (indefinite) Hermitesche Form

$$H(z) = h_{11} z\bar{z} + h_{12}\bar{z} + h_{21} z + h_{22} \qquad (h_{\varkappa\lambda} = \bar{h}_{\lambda\varkappa})$$

eine der Bedingungen $H(z) > 0$ oder $H(z) < 0$ erfüllen. Da der Rand $H(z) = 0$ aus einem Kreis oder einer Geraden besteht, ist ein Kreisgebiet das Innere oder das Äußere eines Kreises oder eine (offene) Halbebene. Ein *Kreisbereich* ist ein abgeschlossenes Kreisgebiet. Jede (gebrochene) lineare Abbildung der Zahlenebene auf sich bildet ein Kreisgebiet auf ein Kreisgebiet ab[8]).

3. Problemstellung. Ein komplexes Polynom $f(z)$ vom Grade $n > 0$ nimmt an jeder Stelle $z_0 \in \Omega$ einen (eindeutig bestimmten) komplexen Wert $A = f(z_0)$ an; man nennt z_0 eine *A-Stelle*, im Falle $A = 0$ eine *Nullstelle* des Polynoms $f(z)$. Jede Nullstelle z_0 des Polynoms $f(z)$ ist eine *Wurzel* der zugeordneten *algebraischen Gleichung* $f(z) = 0$. Das Hauptproblem der analytischen Theorie der Polynome ist die Bestimmung aller A-Stellen eines Polynoms $f(z)$ zu beliebig vorgegebenem Werte $A \in \Omega$, also die Untersuchung der *Werteverteilung* für das Polynom $f(z)$. Da die A-Stellen des Polynoms $f(z)$ die Nullstellen des Polynoms $f(z) - A$ sind, reduziert sich das Hauptproblem auf die Frage nach der *Nullstellenverteilung* in der Zahlenebene. Die Bemühungen um dieses Hauptproblem haben zu Untersuchungen geführt, die sich in die nachfolgend aufgeführten Gedankenkreise zusammenfassen lassen:

Die erste und wichtigste Frage, die als Problem bereits im 18. Jahrhundert erkannt, deren Beantwortung aber entweder vergeblich oder doch mit lückenhafter Beweisführung versucht wurde, erledigt der sog. *Fundamentalsatz der Algebra*, dessen ersten einwandfreien Beweis man *C. F. Gauß* verdankt:

Jedes komplexe Polynom $f(z)$ positiven Grades besitzt wenigstens eine Nullstelle.

Man entnimmt hieraus unschwer die Tatsache, daß jedes Polynom $f(z)$ vom Grade n ebensoviele (gleiche oder verschiedene) Nullstellen besitzt; über die genaue Lage dieser Nullstellen geben indes die Existenzbeweise des Fundamentalsatzes nur ungenügende Auskunft.

Die Nullstellen eines Polynoms $f(z)$ sind (in ihrer Gesamtheit) durch die Koeffizienten des Polynoms völlig bestimmt. Es erhebt sich daher als weitere Aufgabe die Abgrenzung von Gebieten der Zahlenebene, die entweder alle Nullstellen oder allgemeiner eine vorgeschriebene Mindestanzahl von Nullstellen eines Polynoms enthalten. Noch allgemeiner läßt

8) Vgl. etwa *L. Bieberbach*, Funktionentheorie.

sich die Frage nach Gebieten der Zahlenebene stellen, in denen jedes Mitglied einer durch gewisse Eigenschaften gekennzeichneten Familie komplexer Polynome eine vorgeschriebene Mindestanzahl von Nullstellen besitzt.

Als Umkehrung dieses Problems läßt sich die Aufgabe der genauen Abzählung der Nullstellen eines Polynoms in einem vorgegebenen Gebiet stellen. Zu ihrer Lösung sind möglichst einfache und praktisch durchführbare Methoden zu entwickeln, die entweder unmittelbar oder durch ein finites rekursives Verfahren die Abzählung der Nullstellen in diesem Gebiet ermöglichen. Zugleich ergeben derartige Methoden Kennzeichnungen für Polynomklassen, deren Nullstellen sämtlich vorgeschriebenen Gebieten der Zahlenebene angehören.

Gewisse Anwendungen der analytischen Theorie der Polynome geben Veranlassung, die Nullstellenverteilung für Polynome zu untersuchen, die aus einem Polynom $f(z)$ und seinen Ableitungen $f^{(k)}(z)$ (für $1 \leqq k \leqq n$) abgeleitet werden können. In allgemeinster Fassung bietet sich hier die folgende Aufgabe: Bedeutet $\Phi(z, t_0, t_1, \ldots, t_k)$ ein komplexes Polynom in $k+2$ Veränderlichen, so ist für jedes komplexe Polynom $f(z)$ eines Grades $n \geqq k$ auch $F(z) = \Phi(z, f(z), f'(z), f''(z), \ldots, f^{(k)}(z))$ ein wohlbestimmtes, aus $f(z)$ abgeleitetes Polynom der Veränderlichen z. Aus Voraussetzungen über die Verteilung der Nullstellen von $f(z)$ lassen sich daher Aussagen über die Verteilung der Nullstellen von $F(z)$ erwarten.

Großen Raum in der mathematischen Literatur nehmen auch Untersuchungen ein, die die Nullstellenverteilung von Polynomen miteinander vergleichen, deren Koeffizienten durch gewisse Relationen verbunden sind oder gewisse gemeinsame Eigenschaften besitzen. Das allgemeinste Problem in diesem Gedankenkreis stellt die Aufgabe, aus der Verteilung der Nullstellen vorgegebener Polynome Aussagen über die Verteilung der Nullstellen eines anderen Polynoms zu gewinnen, dessen Koeffizienten Funktionen der Koeffizienten der vorgegebenen Polynome sind.

Der letzte Schritt zur Lösung des Hauptproblems für ein numerisch vorgegebenes komplexes oder reelles Polynom ist, zumeist nach vorheriger Abgrenzung der verschiedenen Nullstellen in paarweise fremden Gebieten der Zahlenebene, eine bis zu vorgeschriebener Genauigkeit getriebene approximative Bestimmung der Nullstellen. Auch für diese Aufgabe sind, nach Zweck und Erfordernis variierend, zahlreiche Methoden teils numerischer, teils graphischer Natur entwickelt worden. Diese *Praxis der algebraischen Gleichungen* kann jedoch im Rahmen des vorliegenden Berichtes nicht behandelt werden[9]).

---

9) Vgl. etwa *F. A. Willers,* Methoden der praktischen Analysis, Kap. V. 2. Aufl., Berlin 1950.

A. Der Fundamentalsatz

4. Grundbegriffe. Nimmt ein komplexes Polynom $f(z)=\sum_{0}^{n} a_\nu z^\nu$ vom Grade n an einer Stelle $\zeta \in \Omega$ den Wert $A = f(\zeta)$ an, so besteht die Gleichung

$$f(z) - A = f(z) - f(\zeta) = (z-\zeta) f_1(z)$$

mit einem Polynom $f_1(z)$ vom Grade $n-1$. Jeder Nullstelle ζ des Polynoms $f(z)$ entspricht daher ein *Linearfaktor* des Polynoms:

$$f(z) = (z-\zeta) f_1(z).$$

Da eine Nullstelle von $f_1(z)$ auch Nullstelle von $f(z)$ ist, gelangt man unter Umständen bis zu einer *Zerfällung* von $f(z)$ in Linearfaktoren:

$$f(z) = a_n (z-\zeta_1)(z-\zeta_2)\ldots(z-\zeta_n).$$

Daß eine solche Zerfällung stets erzielt werden kann, lehrt der sog. Fundamentalsatz der Algebra (vgl. **5**). Daher nimmt ein Polynom $f(z)$ vom Grade n einen vorgegebenen Wert A an höchstens n verschiedenen Stellen an. Hieraus folgt, daß ein Polynom $f(z)$ vom Grade grad $(f(z)) \leqq n$ eine Konstante ist, wenn es an $n+1$ verschiedenen Stellen einunddenselben Wert annimmt, sowie daß zwei Polynome n-ten Grades die gleichen Koeffizienten haben, wenn sie an $n+1$ verschiedenen Stellen gleiche Werte annehmen.

Die Nullstellen eines Polynoms brauchen nicht sämtlich verschieden zu sein. Unter Hervorhebung ihrer Vielfachheiten besitzt $f(z)$ die *kanonische Zerfällung*

$$f(z) = a_n (z-\zeta_1)^{m_1}(z-\zeta_2)^{m_2}\ldots(z-\zeta_k)^{m_k} \qquad (m_1+m_2+\ldots+m_k = n),$$

in der $\zeta_1, \zeta_2, \ldots, \zeta_k$ die verschiedenen Nullstellen von $f(z)$ bezeichnen. Man nennt $\zeta_\varkappa$ eine *$m_\varkappa$-fache Nullstelle* und $m_\varkappa$ ihre *Vielfachheit (Multiplizität)*. Besitzt ein reelles Polynom $f(z)$ eine m-fache nichtreelle Nullstelle ζ, so ist auch $\bar{\zeta}$ eine m-fache Nullstelle von $f(z)$. Denn jedem komplexen Polynom

$$f(z) = a_0 + a_1 z + \ldots + a_n z^n = a_n (z-\zeta_1)(z-\zeta_2)\ldots(z-\zeta_n)$$

vom Grade n entspricht (eineindeutig) das *konjugierte* Polynom

$$\bar{f}(z) = \bar{a}_0 + \bar{a}_1 z + \ldots + \bar{a}_n z^n = \bar{a}_n (z-\bar{\zeta}_1)(z-\bar{\zeta}_2)\ldots(z-\bar{\zeta}_n)$$

gleichen Grades.

Die für zwei komplexe Veränderliche z, z_0 stets mögliche *Taylorentwicklung*

$$f(z) = f(z_0) + \frac{z-z_0}{1!} f'(z_0) + \frac{(z-z_0)^2}{2!} f''(z_0) + \ldots + \frac{(z-z_0)^n}{n!} f^{(n)}(z_0)$$

erklärt die *iterierten Ableitungen* $f^{(\nu)}(z)$ des Polynoms $f(z)$. Auf Grund der Darstellung

$$\frac{f^{(\nu)}(z)}{\nu!} = \binom{\nu}{\nu} a_\nu + \binom{\nu+1}{\nu} a_{\nu+1} z + \binom{\nu+2}{\nu} a_{\nu+2} z^2 + \ldots + \binom{n}{\nu} a_n z^{n-\nu}$$

ist $f^{(\nu)}(z)$ (für $0 \leqq \nu \leqq n$) ein Polynom vom Grade $n - \nu$. Die μ-te Ableitung des Polynoms $f^{(\nu)}(z)$ ist die Ableitung $f^{(\mu+\nu)}(z)$ von $f(z)$. Die Taylorentwicklung von $f(z)$ zeigt ferner, daß jedes Polynom $f(z)$ eine an jeder Stelle z_0 stetige und sogar beliebig oft differenzierbare, also analytische Funktion der Veränderlichen z ist. Hieraus gewinnt man als häufig verwertetes Beweisprinzip die folgende Stetigkeitsaussage:

Für jedes Polynom $f(z)$ vom Grade $n > 0$ gibt es zu jeder Stelle z_0, an der $f(z_0)$ von Null verschieden ist, in jedem Kreisgebiet $|z - z_0| < \delta$ eine Stelle z_1, die der Bedingung

$$0 \leqq |f(z_1)| < |f(z_0)|$$

genügt.

Auf Grund der Taylorentwicklung besitzt eine Nullstelle ζ des Polynoms $f(z)$ genau dann die Vielfachheit m, wenn

$$f(\zeta) = f'(\zeta) = \ldots = f^{(m-1)}(\zeta) = 0, \quad \text{aber } f^{(m)}(\zeta) \neq 0.$$

Jede m-fache Nullstelle des (auf rationalem Wege durch den sog. *euklidischen Algorithmus* bestimmbaren, normierten) größten gemeinschaftlichen Teilers $d(z) = (f(z), f'(z))$ ist daher eine $(m+1)$-fache Nullstelle des Polynoms $f(z)$. Bildet man demgemäß, von $f(z) = a_n d_0(z)$ ausgehend, die Reihe der größten gemeinschaftlichen Teiler $d_{\varkappa+1}(z) = (d_\varkappa(z), d'_\varkappa(z))$ bis zum Polynom $d_{k+1}(z) = 1$ und aus diesen die Quotienten

$$f_\varkappa(z) = \frac{d_{\varkappa-1}(z)\, d_{\varkappa+1}(z)}{(d_\varkappa(z))^2} \qquad (\text{für } 1 \leqq \varkappa \leqq k),$$

so besitzt $f(z)$ die *kanonische Faktorzerlegung*

$$f(z) = a_n f_1(z) f_2^2(z) \ldots f_k^k(z),$$

in der $f_\varkappa(z)$ das eindeutig bestimmte normierte Polynom ist, das genau die $\varkappa$-fachen Nullstellen von $f(z)$ als einfache Nullstellen besitzt. Diese Tatsache erlaubt, wenn erforderlich, die Untersuchung auf Polynome mit nur einfachen Nullstellen zu beschränken.

Als recht einfach zu lösende Aufgabe erscheint in Umkehrung des Problems der Werteverteilung die sog. *Interpolationsaufgabe*, diejenigen Polynome zu bestimmen, die an vorgegebenen, paarweise verschiedenen Stellen $\zeta_1, \zeta_2, \ldots, \zeta_n$ vorgeschriebene Werte $A_1, A_2, \ldots, A_n$ annehmen. Da das Polynom $L(z) = (z - \zeta_1)(z - \zeta_2) \ldots (z - \zeta_n)$ an diesen Stellen den

Wert Null annimmt, löst das Polynom

$$f(z) = \sum_{1}^{n} \frac{A_\nu}{z - \zeta_\nu} \frac{L(z)}{L'(\zeta_\nu)}$$

(höchstens vom Grade $n - 1$) die gestellte Aufgabe. Jedes andere Polynom $F(z)$ der gleichen Eigenschaft hat die Gestalt

$$F(z) = f(z) + L(z)R(z)$$

mit einem beliebigen weiteren komplexen Polynom $R(z)$.

5. Beweise des Fundamentalsatzes. Die Aussage des sog. Fundamentalsatzes der Algebra, daß jedes komplexe Polynom $f(z)$ positiven Grades wenigstens eine (komplexe) Nullstelle besitzt, kann durch Übergang zum reellen Polynom $F(z) = f(z)\bar{f}(z)$ in die Aussage abgewandelt werden, daß jedes reelle Polynom $f(z)$ positiven Grades ein lineares oder quadratisches (reelles) Polynom als Teiler besitzt. Diese beiden Fassungen des Fundamentalsatzes sind gleichwertig mit den folgenden Aussagen (in der Sprache der neueren Algebra)[10]:

Der Körper Ω aller komplexen Zahlen ist algebraisch abgeschlossen. Der Körper Ω aller komplexen Zahlen ist die algebraische Abschließung des Körpers P aller reellen Zahlen.

Da der Körper P der reellen Zahlen nicht eine algebraische, sondern eine topologische Erweiterung des Körpers der rationalen Zahlen ist, läßt sich der Beweis des Fundamentalsatzes nicht ausschließlich mit algebraischen Hilfsmitteln erbringen. In den zahlreichen Beweisen des Satzes, die die mathematische Literatur kennt, ist die Trennung der algebraischen und topologischen Hilfsmittel nicht immer streng durchgeführt.

Es können im Folgenden nur einige besonders charakteristische Beweismethoden kurz behandelt werden:

Den raschesten Zugang zum Fundamentalsatz ermöglichen die rein funktionentheoretischen Beweise. Sie führen fast ausschließlich die Annahme, das komplexe Polynom $f(z)$ positiven Grades besitze keine Nullstelle, über den Hauptsatz der Funktionentheorie oder den Satz von *A. Liouville* dadurch zum Widerspruch, daß unter dieser Annahme die Reziproke $F(z) = (f(z))^{-1}$ überall regulär wäre. Auch der Residuensatz in Anwendung auf die logarithmische Ableitung $\frac{f'(z)}{f(z)}$ gibt unmittelbar die genaue Anzahl der Nullstellen in einem hinreichend großen Kreisgebiet $|z| < R$[11]).

10) Vgl. etwa *B. L. van der Waerden*, Algebra, Bd. I.

11) Vgl. *L. Bieberbach*, Funktionentheorie, wo fünf verschiedene funktionentheoretische Beweise zu finden sind.

Der sog. *Argand-Cauchy*sche Beweis[12]) des Fundamentalsatzes ist in seinem Kern gleichfalls funktionentheoretischer Natur. Nach Abtrennung eines Kreisbereiches $|z| \geqq R$, in dem das Polynom $f(z)$ nur Werte vom Betrage $|f(z)| > |f(0)|$ annimmt, besitzt der Betrag $|f(z)|$ als stetige Funktion von z im Kreisbereich $|z| \leqq R$ an einer Stelle ζ_0 mit $|\zeta_0| < R$ ein Minimum. Da aus der Annahme $|f(\zeta_0)| > 0$ die Existenz einer Stelle ζ mit $0 \leqq |f(\zeta)| < |f(\zeta_0)|$ folgen würde, ist ζ_0 Nullstelle von $f(z)$. Die Existenz des Minimums $|f(\zeta_0)|$ ist allerdings weder von *J. Argand* noch von *A. Cauchy* streng nachgewiesen worden.

Eine Variante dieser Methode, die unter Vermeidung des Begriffes der komplexen Zahl die reelle Fassung des Fundamentalsatzes beweist, hat u. a. *H. Schmidt*[13]) angegeben.

Auf geometrische Überlegungen stützen sich der sog. erste und vierte Beweis von *C. F. Gauß*[14]), von denen der erste den Gebrauch der komplexen Zahl noch vermeidet. Eine strenge Fassung verdankt man *A. Ostrowski*[14]):

Real- und Imaginärteil des komplexen Polynoms $f(z)$ vom Grade $n > 0$ werden als stetige Funktionen des Betrages $r = |z|$ und des Argumentes $\varphi = \arg z$ gedeutet:

$$U = U(r, \varphi) = \Re f(z)\,; \quad V = V(r, \varphi) = \Im f(z)\,.$$

Nach Wahl einer geeigneten Schranke $R > 0$ besitzen für jeden Wert $r \geqq R$ die Funktion $V(r, \varphi)$ $2n$ Nullstellen $\varphi_1, \varphi_3, \ldots, \varphi_{4n-1}$, die Funktion $U(r, \varphi)$ $2n$ Nullstellen $\varphi_2, \varphi_4, \ldots, \varphi_{4n}$, von denen jeder Wert φ_k dem Intervall $I_k = \left(\frac{2k-3}{4n}\pi < \varphi < \frac{2k-1}{4n}\pi\right)$ angehört. Überdies gilt

$$\operatorname{sign} U = \begin{cases} +1 \text{ in } I_{4\nu+1} \\ -1 \text{ in } I_{4\nu+3} \end{cases} \qquad \operatorname{sign} V = \begin{cases} +1 \text{ in } I_{4\nu+2} \\ -1 \text{ in } I_{4\nu}\,. \end{cases}$$

Bei veränderlichem Wert $r \geqq R$ schließen sich die Nullstellen von $U(r, \varphi)$ bzw. $V(r, \varphi)$ zu je $2n$ stetigen Kurvenzweigen zusammen.

Im Kreisgebiet $|z| < R$ besteht die Nullstellenmenge $V(r, \varphi) = 0$ aus endlich vielen regulären Kurvenstücken, die sich derart zu Kurvenzweigen $C_1, C_2, \ldots, C_n$ zusammenschließen lassen, daß jeder Zweig C_ν auf dem Kreis $|z| = R$ in einem Intervall $I_{4\alpha+1}$ und in einem Intervall $I_{4\beta+3}$ mündet und sich dort an die zugehörigen Kurvenzweige von $V(r, \varphi) = 0$ in $|z| > R$ stetig anschließt. Dieser schwierigste Teil des Beweises wird von *C. F. Gauß* selbst als anschaulich der Geometrie entlehnt. Eine ein-

12) *J. R. Argand*, Annales de Math. **5**, 197—209 (1815); *A. Cauchy*, Cours d'analyse, Vol. I, Analyse algébrique, Chap. X. Paris 1821. Deutsche Ausgabe, Berlin 1885.

13) Jahresber. DMV. **46**, 64—67 kursiv (1936).

14) *C. F. Gauß*, Werke, Bd. X, 2, Abh. 3.

gehende Analyse des topologischen Hintergrundes hat *A. Ostrowski*[15]) an anderer Stelle durchgeführt.

Da auf jedem der Kurvenzweige C_ν der Nullstellenmenge $V(r, \varphi) = 0$ die Funktion $U(r, \varphi)$ das Vorzeichen wechselt, existiert auf C_ν im Gebiet $|z| < R$ eine Stelle r_0, φ_0, für die $U(r_0, \varphi_0) = V(r_0, \varphi_0) = 0$[16]).

Diejenige Beweismethode, die am deutlichsten topologischen und algebraischen Anteil erkennen läßt, geht in ihrem Grundgedanken bereits auf *P. Laplace*[17]) zurück und liegt dem sog. zweiten Beweis von *C. F. Gauß* zugrunde. Als Grundlage erscheint hier die Aussage des Satzes von *B. Bolzano*[18]), daß ein reelles Polynom als stetige Funktion einer reellen Veränderlichen nur dann Werte verschiedenen Vorzeichens annehmen kann, wenn es auch den Wert Null annimmt. Da ein reelles Polynom ungeraden Grades hiernach stets eine (reelle) Nullstelle besitzt, kann eine vollständige Induktion nach der höchsten Potenz von 2 durchgeführt werden, die im Grad n des Polynoms aufgeht[19]).

Ein reelles Polynom $f(z) = \sum a_\nu z^\nu$ vom Grade n besitzt in einer algebraischen Erweiterung des durch die Koeffizienten erzeugten Zahlkörpers eine Zerfällung

$$f(z) = a_n(z - \zeta_1)(z - \zeta_2) \dots (z - \zeta_n) .$$

Bildet man mit einem beliebigen reellen Wert λ das Polynom

$$F(z, \lambda) = \prod_{1 \leqq \mu < \nu \leqq n} (z - \zeta_\mu - \zeta_\nu - \lambda \zeta_\mu \zeta_\nu)$$

vom Grade $N = \frac{1}{2} n(n-1)$, so sind als symmetrische Funktionen in (ζ_ν) die Koeffizienten von $F(z, \lambda)$ reelle Zahlen. Nach Induktionsannahme besitzt $F(z, \lambda)$ für jedes λ, also auch für eine Serie von Werten $\lambda_0, \lambda_1, \dots, \lambda_N$ je eine (komplexe) Nullstelle

$$\eta_\alpha = \zeta_{\mu_\alpha} + \zeta_{\nu_\alpha} + \lambda_\alpha \zeta_{\mu_\alpha} \zeta_{\nu_\alpha} \qquad (\text{für } 0 \leqq \alpha \leqq N) .$$

Für wenigstens ein Indexpaar μ, ν bestehen gleichzeitig die Gleichungen

$$\eta_\alpha = \zeta_\mu + \zeta_\nu + \lambda_\alpha \zeta_\mu \zeta_\nu ; \quad \eta_\beta = \zeta_\mu + \zeta_\nu + \lambda_\beta \zeta_\mu \zeta_\nu ;$$

hieraus lassen sich $\zeta_\mu + \zeta_\nu$ und $\zeta_\mu \zeta_\nu$, also auch ζ_μ, ζ_ν als komplexe Zahlen bestimmen.

Die Existenz eines Zerfällungskörpers für das reelle Polynom $f(z)$ mußte bei *P. Laplace* als petitio principii erscheinen; auch *J. L. Lagrange* konnte

15) Journal reine angew. Math. **170**, 83—94 (1933).

16) Vgl. *T. Motzkin, A. Ostrowski*, Sitzber. Akad. Berlin **1933**, 255—258.

17) Journal Ec. polytechn. **2**, 1—278 (1812).

18) Abh. Kgl. Wiss. Prag **1817**, 3—60.

19) *H. Dörge*, Sitzber. Akad. Berlin **1928**, 87—89; *L. Puccio*, Bollet. di Mat. (2) **12**, 110—118 (1933); *H. Kneser*, Deutsche Math. **4**, 318—322 (1939).

einer ähnlichen Überlegung aus dem mathematischen Wissen seiner Zeit keine Rechtfertigung geben. Diese Schwierigkeit vermochte *C. F. Gauß* im zweiten Beweis[20]) folgendermaßen zu lösen: Läßt sich eine Eigenschaft $\mathfrak{E}$ eines (normierten) Polynoms $g(z)$ mit bekannten Nullstellen durch Relationen kennzeichnen, die in diesen Nullstellen symmetrisch und also durch die Koeffizienten des Polynoms $g(z)$ darstellbar sind, so läßt sich aus dem Bestehen der gleichen Relationen in den Koeffizienten eines beliebigen normierten Polynoms $f(z)$ auch für $f(z)$ auf die Eigenschaft $\mathfrak{E}$ schließen[21]).

Der Beweis des Fundamentalsatzes läßt sich auch in folgender Weise erbringen: Der im Körper Ω der komplexen Zahlen erklärte absolute Betrag läßt sich auf jede Körpererweiterung von Ω als Norm fortsetzen. Der Satz von *Mazur-Gelfand*, daß jede normierte Körpererweiterung des Körpers Ω diesem isomorph ist, zeigt unmittelbar die Abgeschlossenheit von Ω. Der Satz von *Mazur-Gelfand* selbst kann mit einfachsten topologischen Hilfsmitteln gewonnen werden[22]).

Einen topologischen Beweis, der von Eigenschaften der durch die Funktion $w = f(z)$ vermittelten Abbildung Gebrauch macht, hat *S. Stein*[23]) gegeben.

Vom Standpunkt des Intuitionismus aus hat *B. de Loor*[24]) die verschiedenen Beweisprinzipien zum Fundamentalsatz einer eingehenden Kritik unterzogen und ihre Unzulässigkeit nachgewiesen. An ihre Stelle haben Beweisanordnungen zu treten, wie sie *L. E. J. Brouwer* und *B. de Loor*[25]), *H. Weyl*[26]) und *H. Kneser*[27]) angegeben haben. Es mag noch bemerkt werden, daß bereits *L. Kronecker*[28]) und *F. Mertens*[29]) Beweise des Fundamentalsatzes im intuitionistischen Geiste gegeben haben, die indes von *D. Hilbert*[30]) als inkorrekt zurückgewiesen wurden.

6. Die symmetrischen Funktionen der Nullstellen eines Polynoms. Bedeuten $z, z_1, z_2, \ldots, z_n$ komplexe Veränderliche, so besitzt das *allgemeine* normierte

20) Comment. Soc. Sci. Gotting. rec. **3** (1816); Werke Bd. III, 31—56.

21) Vgl. auch *J. Molk*, Acta Math. **6**, 1—163 (1885); *Th. Vahlen*, Acta Math. **21**, 187—299 (1897).

22) *I. Gelfand*, Recueil Math. Moscou **9** (**51**), 3—24 (1941); *S. Kamatani*, Journal Math. Soc. Japan **4**, 96—99 (1952); *K. Iseki*, Journal Math. Soc. Japan **6**, 129—130 (1954).

23) Amer. Math. Monthly **61**, 109 (1954).

24) Acad. Proefschrift, Amsterdam 1925. Vgl. auch *B. Levi*, Publ. Inst. Mat. Rosario **1**, 1—27 (1940).

25) Amsterdam Akad. Verslag **33**, 82—84 (1924).

26) Math. Zeitschr. **20**, 131—150 (1924).

27) Math. Zeitschr. **46**, 287—302 (1940).

28) Journal reine angew. Math. **101**, 337—355 (1887).

29) Monatsh. Math. Phys. **3**, 293—308 (1892).

30) Fortschr. Math. **24**, 87 (1895).

Polynom

$$f(z) = (z - z_1)(z - z_2) \dots (z - z_n) = z^n - c_1 z^{n-1} + c_2 z^{n-2} + \dots + (-1)^n c_n$$

Koeffizienten $c_k = c_k(z_1, z_2, \dots, z_n)$, die man als die *elementarsymmetrischen Funktionen* der Veränderlichen $z_1, z_2, \dots, z_n$ bezeichnet. Nach dem Hauptsatz der Theorie der symmetrischen Funktionen[31]) läßt sich jedes symmetrische Polynom $F(z_1, z_2, \dots, z_n)$ in den Veränderlichen $z_1, z_2, \dots, z_n$ mit komplexen Koeffizienten in eindeutiger Weise als Polynom

$$F(z_1, z_2, \dots, z_n) = \Phi(c_1, c_2, \dots, c_n)$$

der elementarsymmetrischen Funktionen $c_1, c_2, \dots, c_n$ darstellen. Wichtige symmetrische Funktionen sind die *Potenzsummen*

$$s_k = z_1^k + z_2^k + \dots + z_n^k \qquad (\text{für } 0 \leqq k < \infty),$$

die auch durch die (formale) Potenzreihenentwicklung

$$\frac{z f'(z)}{f(z)} = \sum_1^n \frac{z}{z - z_\nu} = \sum_0^\infty \frac{s_k}{z^k}$$

erhalten werden können, und die *Wronskischen Funktionen*

$$p_k = p_k(z_1, z_2, \dots, z_n),$$

die aus der Reihenentwicklung

$$\frac{z^n}{f(z)} = \sum_0^\infty \frac{p_k}{z^k}$$

entstehen. Die *Wronski*sche Funktion p_k ist übrigens die Summe

$$p_k = \sum z_1^{\alpha_1} z_2^{\alpha_2} \dots z_n^{\alpha_n}$$

aller Potenzprodukte mit der Exponentensumme $\alpha_1 + \alpha_2 + \dots + \alpha_n = k$. Aus den angegebenen Reihenentwicklungen entnimmt man leicht die Rekursionsgleichungen

$$(-1)^k (n - k)\, c_k = \sum_{\nu=0}^k (-1)^\nu c_\nu s_{k-\nu}$$

und

$$p_0 = 1\,; \quad \sum_{\nu=0}^k (-1)^\nu c_\nu p_{k-\nu} = 0$$

mit $c_0 = 1$; $c_k = 0$ für $k > n$.

Eine weitere wichtige symmetrische Funktion ist die *Diskriminante*

$$D(f) = D(z_1, z_2, \dots, z_n) = \prod_{1 \leqq \varkappa < \lambda \leqq n} (z_\varkappa - z_\lambda)^2 = \det |s_{\mu+\nu}|_0^{n-1}$$

31) Vgl. Enzyklopädie math. Wiss. Bd. I., Art. B 3 b.

des allgemeinen Polynoms $f(z)$; sie nimmt genau dann den Wert Null an, wenn $f(z)$ eine mehrfache Nullstelle besitzt. Für nichtnormierte Polynome $f(z) = \sum a_\nu z^\nu$ erklärt man die Diskriminante durch

$$D(f) = a_n^{2n-2} \prod_{1 \leq \varkappa < \lambda \leq n} (z_\varkappa - z_\lambda)^2.$$

Für zwei Polynome

$$f(z) = (z - x_1)(z - x_2) \ldots (z - x_m); \quad g(z) = (z - y_1)(z - y_2) \ldots (z - y_n)$$

der Grade m und n läßt sich ferner die *Resultante*

$$R(f, g) = \prod_{\mu=1}^{m} \prod_{\nu=1}^{n} (x_\mu - y_\nu) = (-1)^{mn} R(g, f)$$

erklären als eine in den Veränderlichen x_μ bzw. y_ν symmetrische Funktion, die genau dann verschwindet, wenn die Polynome $f(z)$, $g(z)$ eine Nullstelle gemein haben. Für nichtnormierte Polynome

$$f(z) = \sum a_\mu z^\mu; \quad g(z) = \sum b_\nu z^\nu$$

setzt man

$$R(f, g) = a_m^n b_n^m \prod_{\mu=1}^{m} \prod_{\nu=1}^{n} (x_\mu - y_\nu);$$

man findet die Determinante

$$R(f, g) = \begin{vmatrix} a_0\ a_1\ a_2 \ldots a_m \quad 0\ 0 \ldots \\ 0\ a_0\ a_1 \ldots a_{m-1}\ a_m 0 \ldots \\ \ldots \quad \ldots \\ a_0\ a_1\ a_2 \ldots a_m \\ b_0\ b_1\ b_2 \ldots b_n \quad 0\ 0 \ldots \\ 0\ b_0\ b_1 \ldots b_{n-1}\ b_n 0 \ldots \\ \ldots \quad \ldots \\ b_0\ b_1\ b_2 \ldots b_n \end{vmatrix} \begin{matrix} \left.\begin{matrix} \\ \\ \\ \\ \end{matrix}\right\} n \text{ Zeilen} \\ \left.\begin{matrix} \\ \\ \\ \\ \end{matrix}\right\} m \text{ Zeilen} \end{matrix}$$

als ihre Darstellung durch die Koeffizienten der Polynome. Da die Diskriminante eines Polynoms $f(z) = \sum a_\nu z^\nu$ die Resultante

$$D(f) = (-1)^{\frac{1}{2} n(n-1)} \frac{1}{a_n} R(f, f')$$

ist, erhält man hieraus auch eine Determinantendarstellung der Diskriminante durch die Koeffizienten des Polynoms $f(z)$[32]).

7. Der Stetigkeitssatz. Die Frage nach der Änderung der Nullstellen eines Polynoms $f(z)$ bei Variation seiner Koeffizienten wird beantwortet durch eine Stetigkeitsaussage, die in ungenauer Ausdrucksweise besagt,

32) Für weitere Einzelheiten vgl. 31).

daß die Nullstellen eines Polynoms stetige Funktionen seiner Koeffizienten sind. In präziser Fassung kann dieser *Stetigkeitssatz* etwa so ausgesprochen werden[33]:

Das normierte Polynom $f(z)$ vom Grade $n > 0$ besitze die kanonische Zerfällung

$$f(z) = \sum a_\nu z^\nu = (z - \zeta_1)^{m_1} (z - \zeta_2)^{m_2} \dots (z - \zeta_k)^{m_k} \qquad (a_n = 1);$$

es sei ϱ_0 eine positive Zahl, für die die k Kreisgebiete $|z - \zeta_\varkappa| < \varrho_0$ paarweise fremd sind. Dann gibt es zu jedem Wert $0 < \varrho < \varrho_0$ einen Wert $\varepsilon = \varepsilon(\varrho) > 0$, derart daß jedes (normierte) Polynom

$$g(z) = \sum b_\nu z^\nu \qquad (b_n = 1),$$

dessen Koeffizienten der Bedingung $|a_\nu - b_\nu| < \varepsilon$ (für $0 \leqq \nu < n$) genügen, in jedem der Kreisgebiete $|z - \zeta_\varkappa| < \varrho$ genau $m_\varkappa$ Nullstellen besitzt.

Man kann diesem Satze in verschiedenartiger Weise auch eine mehr quantitative Gestalt geben[34]:

Bildet man aus den Koeffizienten normierter Polynome

$$f(z) = a_0 + a_1 z + \dots + a_{n-1} z^{n-1} + z^n; \quad g(z) = b_0 + b_1 z + \dots + b_{n-1} z^{n-1} + z^n$$

gleichen Grades n die Größen

$$\gamma = \max_{0 \leqq \nu < n} \left(1, \sqrt[n-\nu]{|a_\nu|}, \sqrt[n-\nu]{|b_\nu|}\right); \qquad \delta = \left(\sum_1^n |a_\nu - b_\nu|^2\right)^{\frac{1}{2}},$$

so bestehen zwischen den Nullstellen ζ_ν bzw. ζ_ν^* dieser Polynome bei geeigneter Zählung die Ungleichungen

$$|\zeta_\nu - \zeta_\nu^*| \leqq 4 n \gamma \delta^{\frac{1}{n}} \qquad (\text{für } 1 \leqq \nu \leqq n).$$

Bestehen zwischen den Koeffizienten zweier Polynome

$$f(z) = \sum a_\nu z^\nu; \quad f^*(z) = \sum a_\nu^* z^\nu \qquad (a_0 a_n a_0^* a_n^* \neq 0)$$

gleichen Grades $n > 1$ die Gleichungen

$$a_\nu^* = a_\nu (1 + \vartheta_\nu) \text{ mit } 0 \leqq |\vartheta_\nu| \leqq \tau \leqq (4n)^{-n},$$

so bestehen zwischen den Nullstellen ζ_ν bzw. ζ_ν^* dieser Polynome bei geeigneter Zählung die Ungleichungen

$$\left|1 - \frac{\zeta_\nu^*}{\zeta_\nu}\right| \leqq 8 n \tau^{\frac{1}{n}} \qquad (\text{für } 1 \leqq \nu \leqq n).$$

33) Vgl. *H. Kneser*, Math. Zeitschr. **48**, 101—104 (1942/43).

34) *A. Ostrowski*, Comptes Rendus Acad. Paris **209**, 777—779 (1939); Acta Math. **72**, 99—257 (1940).

Eine weitere Variation des Stetigkeitssatzes hat *K. S. Schumacher*[35]) gegeben:

Das komplexe Polynom $f(z) = \alpha_0 + \alpha_1 z + \ldots + \alpha_{n-1} z^{n-1} + z^n$ besitze n verschiedene Nullstellen $\zeta_1, \zeta_2, \ldots, \zeta_n$. Die Koeffizienten des Polynoms

$$f(z; y) = a_0(y) + a_1(y) z + \ldots + a_{n-1}(y) z^{n-1} + z^n$$

seien auf dem Sektor ($|y| \geqq R$; $\varphi_0 \leqq \arg y \leqq \varphi_1$) eindeutige, stetig differenzierbare Funktionen der komplexen Veränderlichen y; an der Stelle y besitze $f(z; y)$ die Nullstellen $z_1(y), z_2(y), \ldots, z_n(y)$. Ferner sei $p(t)$ eine für $R \leqq t < \infty$ erklärte positivwertige Funktion, für die das Integral

$$P(t) = \int_t^\infty p(\tau) d\tau$$

existiert. Wenn dann gleichmäßig in $\varphi_0 \leqq \arg y \leqq \varphi_1$ die Beschränkung

$$a_\nu(y) = \alpha_\nu + O(P(|y|)); \quad a'_\nu(y) = O(p(|y|)) \quad (\text{für } 1 \leqq \nu \leqq n)$$

besteht, so gilt auch bei geeigneter Zählung der Nullstellen

$$z'_\nu(y) = O(p(|y|)); \quad z_\nu(y) = \zeta_\nu + O(P(|y|)) \quad (\text{für } 1 \leqq \nu \leqq n).$$

8. Analytische Darstellungen. Die Tatsache, daß die Nullstellenmenge eines Polynoms (in stetiger Abhängigkeit) durch die Koeffizienten des Polynoms völlig bestimmt ist, hat zu der Frage nach analytischen Darstellungen der Nullstellen als Funktionen der Koeffizienten Veranlassung gegeben. Nach *R. Birkeland*[36]) erhält man solche Darstellungen in folgender Weise:

Sind im komplexen Polynom $f(z) = \sum a_\nu z^\nu$ vom Grade n (mit $a_0 \neq 0$) für zwei Indizes $0 \leqq q < p \leqq n$ und die weiteren von p, q verschiedenen Indizes $0 \leqq m_1 < m_2 < \ldots < m_k$ die Koeffizienten a_p, a_q und $a_{m_\varkappa}$ von Null verschieden, so erhält man zu jeder Nullstelle ζ des Polynoms unter den Festsetzungen

$$\xi = \zeta \left(-\frac{a_q}{a_p}\right)^{\frac{1}{q-p}}; \quad l_\varkappa = -\frac{a_{m_\varkappa}}{a_p} \left(-\frac{a_q}{a_p}\right)^{\frac{m_\varkappa - p}{p-q}} \quad (\text{für } 1 \leqq \varkappa \leqq k)$$

35) Arch. Math. **2**, 267—272 (1950).

36) Comptes Rendus Acad. Paris **171**, 778—781; 1047—1049; 1370—1372 (1920); **172**, 309—311; 1155—1158 (1921); **177**, 23—25 (1923); Norsk Mat. Forenings Skr. (1), Nr. 1, 24 S. (1921); Math. Zeitschr. **26**, 566—578 (1927). Vgl. auch *H. Mellin*, Ann. Acad. Sc. Fennicae, Ser. A **7**, Nr. 7, Nr. 8 (1915); Comptes Rendus Acad. Paris **172**, 658—661 (1921). *G. Belardinelli*, Comptes Rendus Acad. Paris **179**, 432—434 (1924); Rend. Circolo Mat. Palermo **46**, 463—472 (1922).

für die Größe ξ die Gleichung

$$\xi^p = \xi^q + l_1 \xi^{m_1} + \ldots + l_k \xi^{m_k}.$$

Unter Anwendung einer auf *A. Lagrange* zurückgehenden Entwicklungsmethode gewinnt man hieraus für eine willkürliche Konstante γ mit einer primitiven $(p-q)$-ten Einheitswurzel ε unter den Abkürzungen

$$r = \sum_1^k \alpha_\varkappa; \quad v = \sum_1^k (m_\varkappa - p)\alpha_\varkappa; \quad \tau = \frac{\gamma + v}{p-q} + 1;$$
$$(\tau, r) = \tau(\tau+1)\ldots(\tau+r-2)$$

Entwicklungen für $p-q$ Größen

$$\xi_\lambda^\gamma = \varepsilon^{\lambda\gamma}\left[1 + \frac{\gamma}{p-q}\sum_{(\alpha)} \varepsilon^{\lambda v} \frac{(\tau, r)}{\alpha_1!\,\alpha_2!\ldots\alpha_k!} l_1^{\alpha_1} l_2^{\alpha_2}\ldots l_k^{\alpha_k}\right] \qquad (1 \leqq \lambda \leqq p-q),$$

in denen $\alpha_1, \alpha_2, \ldots, \alpha_k$ unabhängig voneinander (unter Auslassung der Wertereihe $\alpha_1 = \alpha_2 = \ldots = \alpha_k = 0$) alle nichtnegativen ganzen Zahlen durchlaufen. Setzt man weiter

$$\eta_\varkappa = l_\varkappa^{p-q}; \quad l_\varkappa^{\alpha_\varkappa} = l_\varkappa^{\sigma_\varkappa}\eta_\varkappa^{s_\varkappa}, \text{ wenn } \alpha_\varkappa = \sigma_\varkappa + (p-q)s_\varkappa \text{ mit } 0 \leqq \sigma_\varkappa < p-q$$

und wie zuvor

$$\bar{r} = \sum_1^k \sigma_\varkappa; \quad \bar{v} = \sum_1^k (m_\varkappa - p)\sigma_\varkappa; \quad \bar{\tau} = \frac{\gamma + \bar{v}}{p-q} + 1;$$
$$(\bar{\tau}, \bar{r}) = \bar{\tau}(\bar{\tau}+1)\ldots(\bar{\tau}+\bar{r}-2),$$

so nimmt die Entwicklung die Gestalt an:

$$\xi_\lambda^\gamma = \varepsilon^{\lambda\gamma}\left[1 + \frac{\gamma}{p-q}\sum_{(\sigma)} \varepsilon^{\lambda\bar{v}} \frac{(\bar{\tau}, \bar{r})}{\sigma_1!\,\sigma_2!\ldots\sigma_k!} l_1^{\sigma_1} l_2^{\sigma_2}\ldots l_k^{\sigma_k}\psi(\gamma, \sigma_1, \ldots, \sigma_k \mid \eta_1, \ldots, \eta_k)\right]$$

mit *allgemeinen hypergeometrischen Funktionen*[37])

$$\psi(\gamma, \sigma_1, \ldots, \sigma_k \mid \eta_1, \ldots, \eta_k) = \frac{\sigma_1!\ldots\sigma_k!}{(\bar{\tau}, \bar{r})}\sum_{(s)} \frac{(\tau, r)}{s_1!\,s_2!\ldots s_k!}\eta_1^{s_1}\eta_2^{s_2}\ldots\eta_k^{s_k}.$$

Die absolute Konvergenz dieser Funktionen ist grundsätzlich für hinreichend kleine absolute Beträge $|\eta_\varkappa|$ gesichert; genaue Konvergenzbedingungen lassen sich nach dem von *J. Horn* entwickelten Verfahren erhalten. Unter Verwendung der natürlichen Zahl

$$m = \max_{1 \leqq \varkappa \leqq k} |m_\varkappa - p|$$

37) Vgl. *J. Horn*, Math. Ann. **34**, 544—600 (1889).

findet man die hinreichende Konvergenzbedingung

$$(|l_1| + |l_2| + \dots + |l_k|)^{p-q} < \frac{m^m (p-q)^{p-q}}{(m+p-q)^{m+p-q}}.$$

Im Sonderfall $p = n$; $q = 0$ erhält man für sämtliche Nullstellen des Polynoms $f(z)$ Darstellungen durch endliche Summen von allgemeinen hypergeometrischen Funktionen der aus den Koeffizienten abgeleiteten Veränderlichen $\eta_1, \eta_2, \dots, \eta_k$. Für trinomische Polynome ($k = 1$) geben diese Entwicklungen insbesondere Darstellungen der Nullstellen durch hypergeometrische Funktionen einer Veränderlichen η; in diesem Falle läßt sich zeigen, daß die Nullstellen trinomischer Polynome als partikuläre Lösungen von höheren hypergeometrischen Differentialgleichungen der Ordnung $n - 1$ aufgefaßt werden können.

Ähnliche Untersuchungen von *K. Mayr*[38]) zeigen, daß die Nullstellen eines Polynoms $f(z) = \sum a_\nu z^\nu$ durch hypergeometrische Funktionen in den Koeffizienten dargestellt werden können und Lösungen gewisser partieller Differentialgleichungssysteme sind. *A. Koch*[39]) hat nachgewiesen, daß die Nullstellen als Lösungen gewisser partieller Differentialgleichungssysteme zweiter Ordnung dargestellt werden können.

B. Schrankensätze

9. Allgemeine Schranken. Die Aufgabe, die Gesamtheit der Nullstellen eines komplexen Polynoms $f(z)$ in ein Kreisgebiet der Zahlenebene einzuschließen, läßt sich durch eine lineare Abbildung stets auf die Aufgabe zurückführen, einen Kreis um den Nullpunkt anzugeben, der alle Nullstellen des Polynoms in seinem Innern oder auf seiner Peripherie enthält, also auf die Aufgabe, die Nullstellen des Polynoms mittels seiner Koeffizienten dem absoluten Betrage nach abzuschätzen.

Jede Nullstelle ζ des Polynoms

$$f(z) = \sum a_\nu z^\nu \qquad (a_0 a_n \neq 0)$$

genügt der Gleichung $f(\zeta) = 0$ und damit den Ungleichungen

$$|a_n|\,|\zeta|^n \leqq |a_0| + |a_1|\,|\zeta| + \dots + |a_{n-1}|\,|\zeta|^{n-1}$$

und

$$|a_0| \leqq |a_1|\,|\zeta| + |a_2|\,|\zeta|^2 + \dots + |a_n|\,|\zeta|^n.$$

Hieraus folgt der Satz von *A. Cauchy*[40]):

38) *K. Mayr*, Monatsh. Math. Phys. **45**, 280—313 (1937).

39) Habil. Schrift, Graz 1941, 47 S.

40) Analyse algébrique, Appendix 3.

Die Nullstellen eines komplexen Polynoms $f(z) = \sum a_\nu z^\nu$ vom Grade $n > 0$ gehören dem Kreisring $x_0 \leqq |z| \leqq x_1$ an, wenn x_0, x_1 die positiven Wurzeln der Gleichungen

$$|a_0| = |a_1| x_0 + |a_2| x_0^2 + \ldots + |a_n| x_0^n$$

und

$$|a_0| + |a_1| x_1 + \ldots + |a_{n-1}| x_1^{n-1} = |a_n| x_1^n$$

bezeichnen.

Die Nullstelle vom größten absoluten Betrage gehört dabei dem Kreisring $(2^{\frac{1}{n}} - 1) x_1 \leqq |z| \leqq x_1$, die Nullstelle vom kleinsten absoluten Betrage dem Kreisring $x_0 \leqq |z| \leqq x_0 (2^{\frac{1}{n}} - 1)^{-1}$ an[41]). Ferner mag noch bemerkt werden, daß die Schranken x_0, x_1 des Satzes von *A. Cauchy* grundsätzlich die optimalen, allein von den absoluten Beträgen der Koeffizienten abhängigen Nullstellenschranken sind.

Die Nullstellen des Polynoms $f(z)$ liegen daher auch in jedem Kreisring $r_0 \leqq |z| \leqq r_1$, dessen Radien den Ungleichungen

$$|a_0| \leqq |a_1| r_0 + |a_2| r_0^2 + \ldots + |a_n| r_0^n$$

bzw.

$$|a_0| + |a_1| r_1 + \ldots + |a_{n-1}| r_1^{n-1} \leqq |a_n| r_1^n$$

genügen. Hieraus lassen sich eine große Anzahl, ihrer Güte nach häufig schwer vergleichbarer Schranken gewinnen, deren Bestimmung indes bequemer ist als die Berechnung der Schranken x_0, x_1. Man kann sich dabei auf die Bestimmung oberer Schranken r_1 beschränken, da jede untere Schranke r_0 einer oberen Schranke für die Nullstellen des *reziproken* Polynoms $g(z) = z^n f\left(\frac{1}{z}\right)$ entspricht.

Als allgemeine Prinzipien für die Bildung solcher Schranken mögen noch erwähnt werden: Jede Nullstellenschranke für das (mittels eines reellen Parameters λ gebildeten) Polynom $g(z) = f(\lambda z)$ liefert zugleich eine von λ abhängige Nullstellenschranke für das Polynom $f(z)$, wobei noch ein optimaler Wert λ_0 gesucht werden kann. Auch jede Nullstellenschranke für das Produkt $g(z) = f(z)\varphi(z)$ mit beliebigem Polynom $\varphi(z)$ führt auf eine Nullstellenschranke für $f(z)$; durch geeignete Wahl des Faktors $\varphi(z)$ läßt sich auch hier eine optimale Schranke gewinnen. So liefert beispielsweise jede Nullstellenschranke des Polynoms

$$g(z) = (1 - z) f(z) = a_0 + (a_1 - a_0) z + (a_2 - a_1) z^2 + \ldots + (a_n - a_{n-1}) z^n - a_n z^{n+1}$$

41) *G. D. Birkhoff*, Bull. Amer. Math. Soc. **21**, 494—495 (1914).

eine Nullstellenschranke des Polynoms $f(z) = \sum a_\nu z^\nu$, so daß die Anwendung des Satzes von *A. Cauchy* eine von den absoluten Werten

$$|a_0|,\ |a_1 - a_0|,\ |a_2 - a_1|, \ldots, |a_n - a_{n-1}|,\ |a_n|$$

abhängige Schranke ergibt, die unter Umständen genauer sein kann als die unmittelbar erhältliche Schranke x_1 des Satzes.

Jede obere Nullstellenschranke $R(f)$ des Polynoms $f(z) = \sum a_\nu z^\nu$ liefert zugleich eine Schranke für die A-Stellen des Polynoms, denn es gilt[42]):

Liegen die Nullstellen des Polynoms $f(z) = \sum a_\nu z^\nu$ vom Grade n im Kreisbereich $|z| \leqq r$, so liegen sämtliche A-Stellen des Polynoms im Kreisbereich

$$|z| \leqq r + \left|\frac{A}{a_n}\right|^{\frac{1}{n}}.$$

Bildet man aus den Koeffizienten des Polynoms $f(z) = \sum a_\nu z^\nu$ vom Grade n die Größen

$$\beta_n = \max_{0 \leqq \nu < n} \left|\frac{a_\nu}{a_n}\right| \quad \text{und} \quad \alpha_n = \max_{0 \leqq \nu < n} \left|\sqrt[n-\nu]{\frac{a_\nu}{a_n}}\right|,$$

so gewinnt man aus dem Satze von *A. Cauchy* leicht die oberen Nullstellenschranken

$$R(f) = 1 + \beta_n \text{ und } R(f) = \varrho\alpha_n < 2\alpha_n$$

mit der positiven Wurzel ϱ der Gleichung

$$\varrho^n = 1 + \varrho + \ldots + \varrho^{n-1}.$$

Wenn man beachtet, daß jede Nullstelle ζ des Polynoms $f(z)$ eine a_0-Stelle des Polynoms $f_1(z) = \frac{1}{z}(f(z) - a_0)$ ist, läßt sich aus der ersten Schranke durch Induktion auch die Schranke

$$R(f) = \left|\frac{a_0}{a_n}\right|^{\frac{1}{n}} + \left|\frac{a_1}{a_n}\right|^{\frac{1}{n-1}} + \ldots + \left|\frac{a_{n-2}}{a_n}\right|^{\frac{1}{2}} + \left|\frac{a_{n-1}}{a_n}\right|$$

gewinnen[43]).

Eine einfache Methode zur Bildung oberer Nullstellenschranken verdankt man *M. Fujiwara*[44]): Bestimmt man zu beliebigen positiven Werten $\lambda_1, \lambda_2, \ldots, \lambda_n$ mit der Summe $\lambda_1 + \lambda_2 + \ldots + \lambda_n = 1$ eine positive Zahl r, die den Ungleichungen

$$\lambda_\nu |a_n| r^n \geqq |a_{n-\nu}| r^{n-\nu} \qquad \text{für } 1 \leqq \nu \leqq n$$

---

42) *J. L. Walsh*, Transactions Amer. Math. Soc. **24**, 163—180 (1922).

43) *J. L. Walsh*, Annals of Math. (2) **25**, 285—286 (1924). Vgl. auch *E. Westerfield*, Amer. Math. Monthly **40**, 18—23 (1933); *L. E. Throumoulopoulos*, Bull. Soc. Math. Grèce **24**, 68—73 (1949).

44) Tôhoku Math. Journal **10**, 167—171 (1916).

genügt, so besteht die Ungleichung

$$|a_n| r^n \geqq |a_0| + |a_1| r + \ldots + |a_{n-1}| r^{n-1} ;$$

die optimale Wahl des Wertes r führt zu der Nullstellenschranke

$$R(f; \lambda) = \max_{1 \leqq \nu \leqq n} \left[\frac{1}{\lambda_\nu} \left| \frac{a_{n-\nu}}{a_n} \right| \right]^{\frac{1}{\nu}}$$

für das Polynom $f(z) = \sum a_\nu z^\nu$ vom Grade n.

Die Wahl der Werte $\lambda_\nu = \varrho^{-\nu}$ führt zu der bereits angegebenen Schranke $R(f) = \varrho \alpha_n$, die Wahl der Werte $\lambda_\nu = \frac{1}{n}$ auf eine schon von *A. Cauchy* stammende Schranke

$$R(f) = \max_{1 \leqq \nu \leqq n} \left[n \left| \frac{a_{n-\nu}}{a_n} \right| \right]^{\frac{1}{\nu}}.$$

Andere Schranken lassen sich durch Anwendung der bekannten *Hölderschen Ungleichung*[45]) auf eine der Gleichungen des Satzes von *A. Cauchy* gewinnen. Bildet man aus den Koeffizienten des Polynoms $f(z)$ für einen beliebigen reellen Wert $m > 1$ die Potenzsumme

$$S_m = \left| \frac{a_0}{a_n} \right|^m + \left| \frac{a_1}{a_n} \right|^m + \ldots + \left| \frac{a_{n-1}}{a_n} \right|^m,$$

so ist[46])

$$R(f, m) = \left[1 + S_m^{\frac{1}{m-1}} \right]^{\frac{m-1}{m}}$$

eine obere Nullstellenschranke des Polynoms; die Grenzwerte ergeben die Schranken

$$R(f, 1) = \lim_{m \to 1} R(f, m) = \max \left(1, \frac{|a_0| + |a_1| + \cdots + |a_{n-1}|}{|a_n|} \right)$$

und

$$R(f, \infty) = \lim_{m \to \infty} R(f, m) = 1 + \max_{0 \leqq \nu < n} \left| \frac{a_\nu}{a_n} \right| = 1 + \beta_n .$$

Der Wert $m = 2$ ergibt insbesondere die Schranke[47])

$$R(f, 2) = \frac{(|a_0|^2 + |a_1|^2 + \ldots + |a_n|^2)^{\frac{1}{2}}}{|a_n|},$$

45) Vgl. *G. H. Hardy, J. E. Littlewood, G. Pólya*, Inequalities, Chap. II, 2. 8, Cambridge 1934.

46) *M. Kuniyeda*, Tôhoku Math. Journal **9**, 167—173 (1916); *P. Montel*, Comptes Rendus Soc. Sci. Varsovie **24**, 317—326 (1932).

47) *R. D. Carmichael, T. E. Mason*, Bull. Amer. Math. Soc. **21**, 14—22 (1914).

die vor allem deshalb bemerkenswert ist, weil sie bei beliebiger Gruppenteilung der Nullstellen $\zeta_1, \zeta_2, \ldots, \zeta_n$ des Polynoms $f(z)$ zu der schärferen Ungleichung

$$|\zeta_1\zeta_2 \ldots \zeta_p|^2 + |\zeta_{p+1}\zeta_{p+2} \ldots \zeta_n|^2 \leqq \frac{|a_0|^2 + |a_1|^2 + \ldots + |a_n|^2}{|a_n|^2}$$

verallgemeinert werden kann[48]).

Die von *P. Montel* angegebenen Schranken stehen in gewissem Zusammenhang mit anderen Schranken, die sich aus Mittelwerten des Polynoms auf dem Einheitskreis gewinnen lassen. Bezeichnet man für eine beliebige Zahl $s > 0$ als *Mittelwert* $M_s(f)$ *des Polynoms* $f(z)$ auf dem Einheitskreis $|z| = 1$ den Wert

$$M_s(f) = \left[\frac{1}{2\pi}\int_0^{2\pi} |f(e^{i\varphi})|^s d\varphi\right]^{\frac{1}{s}},$$

so besteht bekanntlich die Ungleichung[49])

$$M_s(f) \leqq M_t(f) \qquad \text{für } 0 < s < t < \infty.$$

Überdies existieren die Grenzwerte

$$M_0(f) = \lim_{s\to 0} M_s(f) = \exp\left[\frac{1}{2\pi}\int_0^{2\pi} \log |f(e^{i\varphi})| d\varphi\right]$$

und

$$M_\infty(f) = \lim_{s\to\infty} M_s(f) = \max_{|z|=1} |f(z)|.$$

Sind nun $\zeta_1, \zeta_2, \ldots, \zeta_h$ die Nullstellen des Polynoms $f(z)$ außerhalb des Einheitskreises, so besteht nach der Formel von *J. L. W. Jensen*[50]) die Gleichung

$$|a_n|\,|\zeta_1\zeta_2 \ldots \zeta_h| = M_0(f) \leqq M_s(f),$$

woraus man den Satz entnimmt[51]):

Die Nullstellen des Polynoms $f(z) = \sum a_\nu z^\nu$ *vom Grade n liegen sämtlich im Kreisring*

$$\frac{|a_0|}{M_s(f)} \leqq |z| \leqq \frac{M_s(f)}{|a_n|} \qquad (\text{für } 0 \leqq s \leqq \infty).$$

Aus dem Satze von *A. Cauchy* läßt sich auch leicht eine weitere obere Nullstellenschranke gewinnen, die berücksichtigt, welche Potenzen der

---

48) *M. Fujiwara*, Tôhoku Math. Journal **8**, 78—85 (1915); *W. Specht*, Math. Zeitschr. **52**, 310—321 (1949); *J. Vicente Gonçalves*, Rev. Fac. Ciencias **1**, 167—171 (1950).

49) Vgl. Inequalities, Chap. VI, 6. 6.

50) Vgl. *G. Szegö*, Math. Ann. **76**, 490—503 (1914); *W. Specht*, Math. Zeitschr. **53**, 357—363 (1950).

51) *P. Montel*, Comment. Math. Helvet. **7**, 178—200 (1934/35).

Veränderlichen z im Polynom $f(z)$ tatsächlich auftreten. Besitzt nämlich das Polynom $f(z)$ vom Grade n die genaue Gestalt

$$f(z) = a_0 + a_1 z^{m_1} + a_2 z^{m_2} + \dots + a_k z^{m_k}$$
$$(0 = m_0 < m_1 < m_2 < \dots < m_k = n)$$

mit von Null verschiedenen Koeffizienten $a_0, a_1, a_2, \dots, a_k$, so führt jeder positive Wert r, der mit beliebigen positiven Konstanten

$$c_0 = 0, c_1, c_2, \dots, c_{k-1}, c_k = 1$$

die Ungleichungen

$$c_\varkappa |a_\varkappa| r^{m_\varkappa} \geqq (1 + c_{\varkappa-1}) |a_{\varkappa-1}| r^{m_{\varkappa-1}}$$

erfüllt, durch Summation auf die Ungleichung

$$|a_k| r^{m_k} \geqq |a_0| + |a_1| r^{m_1} + \dots + |a_{k-1}| r^{m_{k-1}}$$

und damit auf die obere Nullstellenschranke[52])

$$R(f) = \max_{1 \leqq \varkappa \leqq k} \left[\frac{1 + c_{\varkappa-1}}{c_\varkappa} \left| \frac{a_{\varkappa-1}}{a_\varkappa} \right| \right]^{\frac{1}{m_\varkappa - m_{\varkappa-1}}}.$$

Der Satz von *A. Cauchy* kann, wie als erster *S. Lipka*[53]) gezeigt hat, zu einer genaueren Aussage verfeinert werden. Teilt man unter Benutzung eines vorgegebenen Argumentes ϑ_0 die Ebene in $2m$ Sektoren

$$S_k : \frac{\vartheta_0}{m} + \frac{2k-1}{2m} \pi \leqq \arg z < \frac{\vartheta_0}{m} + \frac{2k+1}{2m} \pi \qquad (1 \leqq k \leqq 2m),$$

so bezeichne (für zwei Radien $r_0 < r_1$) $\mathfrak{Z}(r_0, r_1; m, \vartheta_0)$ den *zahnradförmigen Bereich*, der aus dem Kreisbereich $|z| \leqq r_0$ und den Punkten des Kreisringes $r_0 \leqq |z| \leqq r_1$ besteht, die den ungerade indizierten Sektoren $S_1, S_3, \dots, S_{2m-1}$ angehören. Sind dann x_0, x_1 die positiven Wurzeln der Gleichungen

$$|a_n| x_1^n = |a_0| + |a_1| x_1 + \dots + |a_{n-1}| x_1^{n-1}$$

bzw.

$$|a_n| x_0^{n-1} = |a_1| + |a_2| x_0 + \dots + |a_{n-1}| x_0^{n-2}$$

und ist $\vartheta_0 = \arg (a_0/a_n)$, so liegen sämtliche Nullstellen des Polynoms $f(z) = \sum a_\nu z^\nu$ vom Grade n im Zahnradbereich $\mathfrak{Z}(x_0, x_1; n, \vartheta_0)$. Da offensichtlich jede Abschätzung $x_0 \leqq r_0$; $x_1 \leqq r_1$ der optimalen Schranken einen Zahnradbereich $\mathfrak{Z}(r_0, r_1; n, \vartheta_0)$ ergibt, der gleichfalls alle Nullstellen des Polynoms $f(z)$ enthält, lassen sich hieraus leicht zahlreiche Variationen

52) *J. Dieudonné*, Mém. sci. math. fasc. 93; *V. F. Cowling*, *W. J. Thron*, Amer. Math. Monthly **61**, 682—687 (1954).

53) Monatsh. Math. Phys. **50**, 125—127 (1941).

dieses Satzes mit Hilfe der zuvor angegebenen Nullstellenschranken gewinnen[54]).

Als wichtige Beweismittel sind in diesem Zusammenhange noch einige Einschließungssätze für die Eigenwerte einer komplexen Matrix zu erwähnen: Das *charakteristische Polynom* $\varphi(z) = \det|zE - A|$ einer n-reihigen komplexen Matrix $A = (a_{\varkappa\lambda})$ ist ein (normiertes) Polynom vom Grade n, dessen Nullstellen die *Eigenwerte der Matrix* A sind. Andererseits lassen sich zu einem vorgegebenen normierten Polynom $f(z)$ leicht Matrizen $A = (a_{\varkappa\lambda})$ angeben, die $f(z)$ als charakteristisches Polynom besitzen.

Sämtliche Eigenwerte der Matrix A liegen nach einem Satze von *G. Frobenius*[55]) im Kreisbereich $|z| \leqq \varrho$, wenn ϱ den größten positiven Eigenwert der reellen Matrix $B = (|a_{\varkappa\lambda}|)$ bezeichnet. Eine weitere obere Nullstellenschranke $R(\varphi)$ für das Polynom $\varphi(z)$ liefert die maximale absolute Zeilen- oder Spaltensumme[56]):

$$R(\varphi) = \max_{1\leqq\varkappa\leqq n}\left(\sum_{\lambda}|a_{\varkappa\lambda}|\right) \quad \text{bzw.} \quad R(\varphi) = \max_{1\leqq\lambda\leqq n}\left(\sum_{\varkappa}|a_{\varkappa\lambda}|\right).$$

Bildet man zur Matrix A die transponiert-konjugierte Matrix $A^* = (\bar{a}_{\lambda\varkappa})$, so sind

$$H_1 = \frac{1}{2}(A + A^*) = \left(\frac{a_{\varkappa\lambda} + \bar{a}_{\lambda\varkappa}}{2}\right); \quad H_2 = \frac{1}{2i}(A - A^*) = \left(\frac{a_{\varkappa\lambda} - \bar{a}_{\lambda\varkappa}}{2i}\right)$$

Hermitesche Matrizen, *Real-* und *Imaginärteil der Matrix* $A = H_1 + iH_2$, die charakteristischen Polynome $\det|zE - H_1|$ und $\det|zE - H_2|$ also reelle Polynome vom Grade n mit lauter reellen Nullstellen. Nach einem Satz von *A. Hirsch*[57]) liegen dann die Eigenwerte der Matrix A in dem durch die extremen Eigenwerte $\alpha_1 \leqq \beta_1$ und $\alpha_2 \leqq \beta_2$ der Matrizen H_1 bzw. H_2 bestimmten Rechteck

$$\alpha_1 \leqq \Re z \leqq \beta_1; \quad \alpha_2 \leqq \Im z \leqq \beta_2$$

der Zahlenebene.

Analoge Untersuchungen über den Zusammenhang der Argumente der Nullstellen eines Polynoms $f(z)$ mit seinen Koeffizienten sind nur in geringem Umfange angestellt worden und scheinen auch auf grundsätzliche Schwierigkeiten zu stoßen. Als Hilfsmittel kann die einfache Bemerkung benutzt werden, daß die Summe komplexer Zahlen $z_0, z_1, \ldots, z_n$, deren Argumente einem Sektor $\vartheta_0 \leqq \arg z \leqq \vartheta_1 < \vartheta_0 + \pi$ angehören, von Null verschieden ist. Daher kann ein Polynom $f(z) = \sum a_\nu z^\nu$ keine Null-

54) *M. Marden,* Bull. Amer. Math. Soc. **54,** 550—567 (1948).

55) Sitzber. Akad. Berlin **1909,** 514—518; **1912,** 456—477.

56) Sitzber. Akad. Berlin **1908,** 471—476.

57) Acta Math. **25,** 367—370 (1902); *O. Toeplitz,* Math. Zeitschr. **2,** 187—197 (1918).

stelle ζ mit dem Argument $\arg \zeta = \varphi$ besitzen, wenn die Punkte $a_\nu e^{\nu i \varphi}$ (für $0 \leqq \nu \leqq n$) einem solchen Sektor angehören[58]). Diese Überlegung führt indes nur in wenigen Fällen zum gewünschten Ziel.

S. Takahashi[59]) verdankt man (als eine notwendige Bedingung) die Bemerkung, daß die Nullstellen eines Polynoms $f(z) = \sum a_\nu z^\nu$ nur dann sämtlich einem Sektor $\vartheta_0 \leqq \arg z \leqq \vartheta_1 < \vartheta_0 + \pi$ angehören, wenn auch alle Punkte $-\frac{a_{\nu-1}}{a_\nu}$ (für $1 \leqq \nu \leqq n$) diesem Sektor angehören. Als Umkehrung hierzu ist noch folgendes Ergebnis zu erwähnen[60]): Besitzt das Polynom die genauere Gestalt

$$f(z) = a_0 + a_1 z^{m_1} + a_2 z^{m_2} + \ldots + a_k z^{m_k} \qquad (0 < m_1 < m_2 < \ldots < m_k = n)$$

mit von Null verschiedenen Koeffizienten, deren Quotienten

$$r_{\varkappa-1} = (-1)^{m_\varkappa - m_{\varkappa-1}} \frac{a_{\varkappa-1}}{a_\varkappa} \qquad (\text{für } 1 \leqq \varkappa \leqq k)$$

einem Sektor $\vartheta - \frac{\pi}{N} \leqq \arg z \leqq \vartheta + \frac{\pi}{N}$ mit $N \geqq n$ angehören, so enthält der Sektor $\vartheta - \frac{\pi}{N} - \frac{n-1}{n}\pi \leqq \arg z \leqq \vartheta + \frac{\pi}{N} + \frac{n-1}{n}\pi$ alle Nullstellen von $f(z)$.

10. Einschränkung der absolut kleinsten Nullstellen. Der Satz von *A. Cauchy* ist von *A. Pellet*[61]) in folgender Weise verallgemeinert worden:

Besitzt für ein Polynom $f(z) = \sum a_\nu z^\nu$ vom Grade n die Gleichung

$$2|a_p|z^p = \sum |a_\nu| z^\nu \qquad (0 < p < n)$$

zwei positive Wurzeln $r_0 < r_1$, so besitzt $f(z)$ genau p Nullstellen im Kreisbereich $|z| \leqq r_0$ und genau $n - p$ Nullstellen im Kreisbereich $|z| \geqq r_1$.

Die Voraussetzung des Satzes ist genau dann erfüllt, wenn für einen positiven Wert r die Ungleichung

$$2|a_p|r^p > \sum |a_\nu| r^\nu$$

besteht, da dann gewiß $r_0 < r < r_1$ gilt. Besitzt die Gleichung dieses Satzes eine Doppelwurzel $r_0 = r_1$, so besitzt $f(z)$ zweifache Nullstellen in der Anzahl $\delta \geqq 0$ auf dem Kreise $|z| = r_0$ und $p - \delta$ Nullstellen innerhalb, $n - p - \delta$ Nullstellen außerhalb dieses Kreises[62]).

58) *A. J. Kempner*, Math. Ann. **85**, 49—59 (1922).
59) Tôhoku Math. Journal **31**, 274—282 (1929).
60) *R. E. O'Donnell*, Proc. Amer. Math. Soc. **3**, 116—119 (1952).
61) Bull. Sci. Math. **5**, 393—395 (1881).
62) *J. L. Walsh*, Ann. of Math. (2) **26**, 59—64 (1924/25). Vgl. auch *A. Ostrowski*, Bull. Amer. Math. Soc. **47**, 742—746 (1941).

Eine Verfeinerung des Satzes von *A. Pellet* hat *M. Marden*[63]) angegeben: Besitzt für ein Polynom $f(z) = \sum a_\nu z^\nu$ vom Grade n die Gleichung

$$2|a_p|z^p = \sum |a_\nu| z^\nu$$

zwei positive Wurzeln $r_0 < r_1$, so besitzt auch die Gleichung

$$2|a_p|z^{p-1} = |a_1| + |a_2|z + \ldots + |a_n|z^{n-1}$$

zwei positive Wurzeln $r_0^* < r_1^*$ mit $r_0^* < r_0 < r_1 < r_1^*$. Mit dem Argument $\vartheta_0 = \arg(a_0/a_p)$ besitzt $f(z)$ dann genau p Nullstellen im zahnradförmigen Bereich $\mathfrak{Z}(r_0^*, r_0; p, \vartheta_0)$ und genau $n - p$ Nullstellen außerhalb des zahnradförmigen Bereichs $\mathfrak{Z}(r_1, r_1^*; p, \vartheta_0 + \pi)$ oder auf dessen Rande.

Unter den angegebenen Voraussetzungen ermöglichen diese Sätze eine feinere Eingrenzung der verschiedenen Nullstellen eines Polynoms, als dies die allgemeingültigen Schranken im Abschnitt **9** erlauben. Ordnet man die Nullstellen $\zeta_1, \zeta_2, \ldots, \zeta_n$ eines komplexen Polynoms $f(z) = \sum a_\nu z^\nu$ nach wachsendem absolutem Betrag:

$$|\zeta_1| \leqq |\zeta_2| \leqq \cdots \leqq |\zeta_n|,$$

so bestehen unter Verwendung der Werte

$$\beta_n = \max_{0 \leqq \nu < n} \left| \frac{a_\nu}{a_n} \right| \quad \text{und} \quad \alpha_n = \max_{0 \leqq \nu < n} \left| \sqrt[n-\nu]{\frac{a_\nu}{a_n}} \right|$$

(für $1 \leqq p \leqq n$) die Ungleichungen[64])

$$|\zeta_n \zeta_{n-1} \cdots \zeta_{n-p+1}| \leqq 1 + p\beta_n; \qquad |\zeta_n \zeta_{n-1} \cdots \zeta_{n-p+1}| \leqq \sqrt{\frac{(p+1)^{p+1}}{p^p}} \cdot \alpha_n^p.$$

Eingehendere Untersuchungen in diesem Gedankenkreis hat *A. Ostrowski*[65]) angestellt und aus der Newtonschen Majorante eines Polynoms optimale Schranken gewonnen:

Ein reelles Polynom $M(z) = \sum A_\nu z^\nu$ ist *Majorante* des komplexen Polynoms $f(z) = \sum a_\nu z^\nu$ (mit $a_0 a_n \neq 0$), wenn die Ungleichungen $|a_\nu| \leqq A_\nu$ (für $0 \leqq \nu \leqq n$) bestehen, *normale Majorante*, wenn überdies

$$A_\nu > 0 \text{ und } A_\nu^2 \geqq A_{\nu-1} A_{\nu+1} \quad (\text{für } 1 \leqq \nu \leqq n-1).$$

Unter allen normalen Majoranten eines Polynoms $f(z)$ existiert genau eine minimale, die *Newtonsche Majorante* $N_f(z) = \sum T_\nu z^\nu$, die einerseits $f(z)$ majorisiert, andererseits von allen normalen Majoranten von $f(z)$

63) Bull. Amer. Math. Soc. **54**, 550—557 (1948).

64) *W. Specht*, Jahresber. DMV. **48**, 142—145 (1938); Math. Zeitschr. **63**, 324—330 (1955).

65) Acta Math. **72**, 99—257 (1940).

majorisiert wird. Die Koeffizienten der Newtonschen Majorante $N_f(z)$ werden durch das *Newtonsche Diagramm* bestimmt. Ordnet man jedem von Null verschiedenen Term $a_\mu z^\mu$ des Polynoms $f(z)$ den repräsentativen Punkt $p_\mu = \mu - i \log |a_\mu|$ der Zahlenebene zu, so enthält der Pferchbereich $\mathfrak{P}(p_\mu)$ der Punkte p_μ genau einen Punkt $d_\nu = \nu + i t_\nu$ $(0 \leqq \nu \leqq n)$ mit minimalem Imaginärteil t_ν. Der Polygonzug $D_f = (d_0, d_1, \ldots, d_n)$ ist das Newtonsche Diagramm des Polynoms $f(z)$. Setzt man nun

$$T_\nu = e^{-t_\nu} \neq 0 \qquad \text{für } 0 \leqq \nu \leqq n\,,$$

so bestehen die Beziehungen

$$T_\nu^2 \geqq T_{\nu-1} T_{\nu+1}; \quad T_0 = |a_0|; \quad |a_\nu| \leqq T_\nu; \quad T_n = |a_n| \qquad (\text{für } 0 < \nu < n);$$

das Polynom $N_f(z) = \sum T_\nu z^\nu$ ist die Newtonsche Majorante des Polynoms $f(z)$.

Bildet man aus $N_f(z)$ die *numerischen Steigungen* $R_\nu = T_{\nu-1} T_\nu^{-1}$ (für $1 \leqq \nu \leqq n$), so bestehen für die nach wachsendem absolutem Betrag $|\zeta_1| \leqq |\zeta_2| \leqq \cdots \leqq |\zeta_n|$ geordneten Nullstellen des Polynoms $f(z)$ die Ungleichungen

$$\lambda_{n,p} \leqq \frac{|\zeta_p|}{R_p} \leqq \Lambda_{n,p} \qquad \text{für } 1 \leqq p \leqq n$$

mit positiven Konstanten $\lambda_{n,p}$ und $\Lambda_{n,p}$. Dabei gilt

$$\Lambda_{n,p}\, \lambda_{n,\,n-p+1} = 1\,;$$

ferner ist $\Lambda_{n,p}$ die (einzige) positive Wurzel der Gleichung[66])

$$x^p = \binom{n-p+1}{1} x^{p-1} + \binom{n-p+2}{2} x^{p-2} + \cdots + \binom{n-1}{p-1} x + \binom{n}{p},$$

so daß jedenfalls die Größenordnung

$$1 - \left(\frac{1}{2}\right)^{\frac{1}{p}} < \lambda_{n,p} \leqq \Lambda_{n,p} < \left(1 - \left(\frac{1}{2}\right)^{\frac{1}{n-p+1}}\right)^{-1}$$

erhalten werden kann. Für die Produkte der Nullstellen erhält man noch die Einschränkungen

$$\frac{T_0}{T_p} \sqrt{\frac{p^p}{(p+1)^{p+1}}} \leqq |\zeta_1 \zeta_2 \cdots \zeta_p| \leqq \binom{n}{p} \frac{T_0}{T_p} \qquad (\text{für } 1 \leqq p \leqq n)\,,$$

von denen die obere übrigens optimal ist; aus ihnen lassen sich auch die

---

66) *F. Koehler*, Bull. Amer. Math. Soc. **60**, 414—419 (1954).

Einschränkungen

$$\binom{n}{p}^{-1} T_p \leqq |\zeta_n \zeta_{n-1} \cdots \zeta_{p+1}| \leqq \sqrt{\frac{(p+1)^{p+1}}{p^p}}\, T_p$$

entnehmen.

Ist im Newtonschen Diagramm $D_f = (d_0, d_1, \ldots, d_n)$ des Polynoms $f(z)$ der Punkt d_p eine Ecke, so sind die Steigungen $R_1, R_2, \ldots, R_p$ allein abhängig von den ersten Koeffizienten $a_0, a_1, \ldots, a_p$ des Polynoms $f(z)$. In diesem Falle ergeben die angegebenen Schranken eine Abschätzung der p absolut kleinsten Nullstellen des Polynoms $f(z)$, die nur vom Grad n und den ersten $p + 1$ Koeffizienten abhängt. Damit berühren sich diese Ergebnisse in gewissem Grade mit Untersuchungen, die sich um das sog. *Landau-Montel*sche Problem entwickelt haben (vgl. **12**).

An dieser Stelle wollen wir noch eine ähnliche Frage behandeln, nämlich die Frage nach der optimalen Schranke $r_p = r_p(a_0, a_1, \ldots, a_{p-1}, a_n; n)$ für einen Kreisbereich $|z| \leqq r_p$, der wenigstens p Nullstellen des Polynoms $f(z)$ enthält, wobei sich starke Parallelen zu den allgemeinen Schrankensätzen des Abschnittes **9** ergeben[67]). Durchweg bezeichne p eine feste Anzahl aus dem Intervall $1 \leqq p \leqq n$.

Das komplexe Polynom $f(z) = \sum a_\nu z^\nu$ vom Grade n besitzt wenigstens p Nullstellen im Kreisbereich $|z| \leqq \varrho_p$, wenn ϱ_p die (einzige) positive Wurzel der Gleichung

$$|a_n| z^n = \binom{n-1}{p-1} |a_0| + \binom{n-2}{p-2} |a_1| z + \ldots + \binom{n-p}{0} |a_{p-1}| z^{p-1}$$

bezeichnet.

Man gewinnt diesen Satz dadurch, daß man die nach wachsendem Betrage geordneten Nullstellen durch die gesuchte Schranke r_p trennt:

$$|\zeta_1| \leqq |\zeta_2| \leqq \cdots \leqq |\zeta_p| = r_p \leqq |\zeta_{p+1}| \leqq \cdots \leqq |\zeta_n|$$

und die Koeffizienten des Quotienten

$$f_p(z) = \frac{f(z)}{(z-\zeta_n) \ldots (z-\zeta_{p+1})}$$

durch r_p und die absoluten Beträge $|a_0|, |a_1|, \ldots, |a_{p-1}|, |a_n|$ abschätzt. Durch Ausnutzung der verschiedenen Schranken für die positive Nullstelle ϱ_p der angegebenen Gleichung ergeben sich daraus einfacher zu bestimmende Abschätzungen des Radius ϱ_p.

67) *E. B. van Vleck*, Bull. Soc. Math. France **53**, 105—125 (1925); *R. Ballieu*, Mém. Soc. Roy. Sci. Liège (IV) **1**, 85—181 (1936).

Bildet man aus den Koeffizienten des Polynoms $f(z)$ die Größen

$$\beta_p = \max_{0 \leqq \nu < p} \left| \frac{a_\nu}{a_n} \right| \quad \text{und} \quad \alpha_p = \max_{0 \leqq \nu < p} \left| \sqrt[n-\nu]{\frac{a_\nu}{a_n}} \right|,$$

so liegen wenigstens p Nullstellen von $f(z)$ in den Kreisgebieten

$$|z| < 1 + \beta_p^{\frac{1}{q}} \quad \text{oder} \quad |z| < \left(1 - \left(\frac{\beta_p}{1+\beta_p}\right)^{\frac{1}{q}}\right)^{-1} \qquad (q = n - p + 1)$$

oder

$$|z| < 2\alpha_p\,.$$

Bildet man für eine beliebige reelle Zahl $1 \leqq m < \infty$ die Potenzsummen

$$S_m = \frac{|a_0|^m + |a_1|^m + \ldots + |a_{p-1}|^m + |a_n|^m}{|a_n|^m},$$

so liegen wenigstens p Nullstellen des Polynoms $f(z)$ im Kreisgebiet

$$|z| < [p^{q-1} S_m]^{\frac{1}{qm}}, \qquad \text{wenn} \quad 1 \leqq m \leqq 1 + \frac{1}{q},$$

$$|z| < 2\,[p^{q-1} S_m]^{\frac{1}{qm}}, \qquad \text{wenn} \quad 1 + \frac{1}{q} < m < \infty\,.$$

Wie sich mittels des Satzes von *A. Pellet* leicht zeigen läßt, ist eine Schranke für die absoluten Beträge der ersten p Nullstellen $\zeta_1, \zeta_2, \ldots, \zeta_p$ des Polynoms $f(z)$ stets von den ersten Koeffizienten $a_0, a_1, \ldots, a_{p-1}$ abhängig; der in den bisher angegebenen Schranken auftretende letzte Koeffizient a_n kann aber durch jeden anderen (von Null verschiedenen) Koeffizienten a_k mit $p \leqq k \leqq n$ ersetzt werden. Es gilt nämlich[68]):

Ist im komplexen Polynom $f(z) = \sum a_\nu z^\nu$ vom Grade n der Koeffizient a_k für einen Index k aus $p \leqq k \leqq n$ von Null verschieden, so liegen mindestens p Nullstellen von $f(z)$ im Kreisbereich $|z| \leqq \varrho_k$, wenn ϱ_k die (einzige) positive Wurzel der Gleichung

$$|a_k|\, z^k = \sum_{\lambda=0}^{p-1} \binom{k-1-\lambda}{p-1-\lambda} \binom{n-\lambda}{k-\lambda} |a_\lambda|\, z^\lambda$$

bezeichnet. Diese Schranke ist optimal.

Eine allgemeinere, indes nur qualitative Aussage verdankt man *J. Dieudonné*[69]):

---

68) Vgl. auch *G. v. Sz. Nagy*, Publ. math. Debrecen **1**, 251—253 (1950).

69) Mém. sci. math. fasc. **93**.

Bestehen zwischen den Koeffizienten eines komplexen Polynoms $f(z) = \sum a_\nu z^\nu$ *vom Grade n lineare Beziehungen*

$$c_{\lambda 1} a_0 + c_{\lambda 2} a_1 + \ldots + c_{\lambda n} a_n = 0 \qquad (\text{für } 0 \leqq \lambda < p \leqq n)$$

mit von Null verschiedener erster Determinante $\det |c_{\lambda\mu}|_0^{p-1}$, *so existiert eine nur von den Koeffizienten* $c_{\lambda\nu}$ *abhängige Schranke* $R = R(c_{\lambda\nu})$, *derart daß der Kreisbereich* $|z| \leqq R$ *mindestens p Nullstellen des Polynoms* $f(z)$ *enthält.*

11. Reelle Polynome. Für die Abgrenzung der Nullstellen eines reellen Polynoms können grundsätzlich die für komplexe Polynome angegebenen Nullstellenschranken verwendet werden, aus der Tatsache aber, daß nichtreelle Nullstellen in konjugiert komplexen Paaren auftreten, lassen sich leicht Verbesserungen gewinnen. Denn jede nichtreelle Nullstelle eines reellen Polynoms $f(z)$ ist in jedem Kreisgebiet $|z| < R$ enthalten, dem wenigstens $n - 1$ Nullstellen des Polynoms angehören. Nach dieser Bemerkung ist ohne weiteres klar, wie die Aussagen des Abschnittes **10** zu einer genaueren Abschätzung verwendet werden können, so daß nähere Angaben unterbleiben dürfen.

Für die Abgrenzung der reellen Nullstellen reeller Polynome $f(z)$ kann das folgende Prinzip verwendet werden, bei dessen Schilderung die Beschränkung auf eine obere Abschätzung der positiven Nullstellen erlaubt ist, da der Übergang zum Polynom $g(z) = f(-z)$ eine untere Abschätzung der negativen Nullstellen liefert. Sind unter den Koeffizienten des Polynoms $f(z) = \sum a_\nu z^\nu$ mit $a_n > 0$ genau die Koeffizienten $a_{m_1}, a_{m_2}, \ldots, a_{m_k}$ mit Indizes $0 \leqq m_1 < m_2 < \ldots < m_k < n$ negativ, so besteht für jede positive Nullstelle x die Ungleichung

$$a_n x^n \leqq |a_{m_1}| x^{m_1} + |a_{m_2}| x^{m_2} + \ldots + |a_{m_k}| x^{m_k} .$$

Jede Größe $r(f) = r$, die der Bedingung

$$a_n r^n \geqq |a_{m_1}| r^{m_1} + |a_{m_2}| r^{m_2} + \ldots + |a_{m_k}| r^{m_k}$$

genügt, ist daher eine obere Schranke für die positiven Nullstellen des Polynoms $f(z)$. Zur Bestimmung solcher Schranken können alle Überlegungen herangezogen werden, die zu den allgemeinen Nullstellenschranken für komplexe Polynome in Abschnitt **9** geführt haben[70]).

Häufig von Vorteil ist auch das folgende Prinzip: Läßt sich das reelle Polynom $f(z) = \sum a_\nu z^\nu$ als Polynom $f(z) = \Phi(g_1(z), g_2(z), \ldots, g_k(z))$ normierter Polynome darstellen, deren reelle Nullstellen durch

70) Vgl. *P. Sergescu*, Gaz. mat. **45**, 512—515 (1940).

Schranken $M_\varkappa$ nach oben beschränkt sind, so ist $M = \max\limits_{1\leqq\varkappa\leqq k} M_\varkappa$ eine obere Schranke für die reellen Nullstellen von $f(z)$, wenn aus der Voraussetzung $g_\varkappa(z) > 0$ (für $1 \leqq \varkappa \leqq k$) die Folgerung $f(z) > 0$ gezogen werden kann. So führen beispielsweise passend gewählt additive oder multiplikative Aufteilungen wie

$$f(z) = b_1 g_1(z) + b_2 g_2(z) \quad \text{oder} \quad f(z) = b_1 g_1(z) g_2(z) + b_2 g_3(z),$$

mit positiven Koeffizienten b_1, b_2 häufig zu genaueren Schranken[71]).

Unter besonderen Annahmen über die Koeffizienten eines reellen Polynoms $f(z)$ lassen sich genauere Abgrenzungen gewinnen. Besitzt ein reelles Polynom $f(z) = \sum a_\nu z^\nu$ vom Grade n nur positive Koeffizienten, so ergeben die Werte

$$\varrho_n = \min_{1\leqq\nu\leqq n}\left(\frac{a_{\nu-1}}{a_\nu}\right) \quad \text{und} \quad \sigma_n = \max_{1\leqq\nu\leqq n}\left(\frac{a_{\nu-1}}{a_\nu}\right)$$

einen Kreisring $\varrho_n \leqq |z| \leqq \sigma_n$, der alle Nullstellen von $f(z)$ enthält[72]). Man gewinnt diesen Satz durch Anwendung des Satzes von *A. Cauchy* auf das Polynom $(z-\tau)f(z)$, indem man $\tau = \varrho_n$ bzw. $\tau = \sigma_n$ setzt. Durch Anwendung des Satzes von *A. Pellet* auf das Polynom

$$(z-\varrho_1)(z-\varrho_2)f(z)$$

erhält man einen Satz von *J. Egerváry*[73]):

Genügen die positiven Koeffizienten eines reellen Polynoms $f(z) = \sum a_\nu z^\nu$ mit positiven Zahlen $0 < \varrho_1 \leqq \varrho_2$ den Ungleichungen

$$\varrho_1\varrho_2 a_{\nu+1} - (\varrho_1 + \varrho_2)a_\nu + a_{\nu-1} > 0 \qquad (a_{-1} = a_{n+1} = 0)$$

(für $0 \leqq \nu \leqq n$; $\nu \neq p$), so liegen p Nullstellen im Kreisgebiet $|z| < \varrho_1$ und $n - p$ Nullstellen im Kreisgebiet $|z| > \varrho_2$.

Bildet man für ein Lückenpolynom

$$f(z) = a_0 + a_1 z^{m_1} + a_2 z^{m_2} + \ldots + a_k z^{m_k} \qquad (0 < m_1 < m_2 < \ldots < m_k = n)$$

mit positiven Koeffizienten die Größe

$$\sigma_n^* = \max_{1\leqq\varkappa\leqq k}\left(\frac{a_{\varkappa-1}}{a_\varkappa}\right)^{\frac{1}{m_\varkappa - m_{\varkappa-1}}},$$

so liegen alle Nullstellen von $f(z)$ im Kreisbereich $|z| \leqq 2\sigma_n^*$ (vgl. **9**). Sind nur die Koeffizienten $a_0, a_1, \ldots, a_p$ positiv, so liegen wenigstens m_p

71) Vgl. auch *P. Montel*, Comptes Rendus Acad. Paris **210**, 654—655 (1940); *L. S. Grinstein*, Amer. Math. Monthly **60**, 608—615 (1953).

72) *A. Hurwitz*, Tôhoku Math. Journal **4**, 89—93 (1914).

73) Acta Szeged **5**, 78—82 (1931).

Nullstellen im Kreisbereich $|z| \leqq 2(m_k - m_p + 1)\sigma_p^*$, wenn analog

$$\sigma_p^* = \max_{1 \leqq \lambda \leqq p} \left(\frac{a_{\lambda-1}}{a_\lambda}\right)^{\frac{1}{m_\lambda - m_{\lambda-1}}}$$

gesetzt wird[74]).

Sonderfall des Satzes von *A. Hurwitz* ist der Satz von *Eneström-Kakeya*[75]): *Genügen die Koeffizienten des reellen Polynoms* $f(z) = \sum a_\nu z^\nu$ *den Ungleichungen* $0 < a_0 \leqq a_1 \leqq \ldots \leqq a_n$, *so liegen sämtliche Nullstellen im Kreisbereich* $|z| \leqq 1$; *genau dann hat* $f(z)$ *eine nichtreelle Nullstelle* ζ *vom Betrage* $|\zeta| = 1$, *wenn mit einer natürlichen Zahl* m *die Gleichungen*

$$a_\nu = a_{mq} \text{ für } 1 \leqq \nu = mq + \varrho \leqq n \text{ mit } 0 \leqq \varrho < m$$

bestehen[76]).

Genügen die ersten Koeffizienten des reellen Polynoms $f(z)$ den Ungleichungen[77])

$$0 < a_0 \leqq a_1 \leqq \ldots \leqq a_{p-1} \leqq \left(\frac{1}{p}\right)^{n-p+1} a_n,$$

so liegen wenigstens p Nullstellen im Kreisbereich $|z| \leqq 1$.

Zum Satze von *Eneström-Kakeya* gibt es zahlreiche Varianten, von denen wir nur einige erwähnen können:

Erfüllen die Koeffizienten des reellen Polynoms $f(z) = \sum a_\nu z^\nu$ vom Grade n die Ungleichungen

$$a_\nu + a_{\nu+1} - 2a_{\nu+2} > 0 \qquad (0 \leqq \nu \leqq n;\ a_{-1} = a_{n+1} = a_{n+2} = 0),$$

so liegen alle Nullstellen im Kreisbereich $|z| \leqq 1$; eine etwaige Nullstelle auf dem Kreis $|z| = 1$ ist einfach und eine $(n+2)$-te Einheitswurzel[78]).

Genügen die (reellen) Koeffizienten des Polynoms $f(z)$ den Bedingungen

$$a_0 \geqq 0;\ a_1 \geqq 2a_2;\ a_2 \geqq 2a_3;\ \ldots;\ a_{n-1} \geqq 2a_n > 0,$$

so liegt höchstens eine Nullstelle im Kreisgebiet $|z| < 1$.

Genügen die reellen Koeffizienten des Polynoms $f(z)$ für einen Index $0 \leqq k \leqq n+1$ den Ungleichungen

$$a_{k-1} < a_{k-2} < \ldots < a_1 < a_0 < 0 < a_n < a_{n-1} < \ldots < a_k \qquad (a_{-1} = a_{n+1} = 0),$$

74) *P. Montel*, Comment. Math. Helv. **7**, 178—200 (1934/35).

75) *S. Kakeya*, Tôhoku Math. Journal **2**, 140—142 (1912/13); *G. Eneström*, Tôhoku Math. Journal **18**, 34—36 (1920).

76) *M. Tomic*, Acad. Serbe. Sci. Publ. Inst. Math. **2**, 146—156 (1948).

77) Vgl. 74).

78) *S. Takahashi*, Tôhoku Math. Journal **38**, 262—264 (1933); *W. Schulz*, Jahresber. DMV. **45**, 172—180 (1935).

so besitzt $f(z)$ auf dem Kreis $|z| = 1$ höchstens eine Nullstelle in $z = 1$ und k oder $k - 1$ Nullstellen im Kreisgebiet $|z| < 1$, je nachdem ob $f(1)$ positiv oder negativ ist[79]).

12. Das Problem von Landau-Montel. Im Verlauf seiner funktionentheoretischen Studien zum *Picard*schen Satze zeigte *E. Landau*[80]), daß jedes trinomische Polynom

$$f(z) = 1 + z + a_{m_1} z^{m_1}$$

vom Grade $n = m_1 \geqq 2$ wenigstens eine Nullstelle im Kreisbereich $|z| \leqq 2$, jedes quadrinomische Polynom

$$f(z) = 1 + z + a_{m_1} z^{m_1} + a_{m_2} z^{m_2}$$

vom Grade $n = m_2 > m_1 \geqq 2$ wenigstens eine Nullstelle im Kreisbereich $|z| \leqq 17/3$ besitzt. Allgemeinere Ergebnisse erzielten *R. E. Allerdice*[81]) und *L. Fejer*[82]): *Jedes Lückenpolynom*

$$f(z) = 1 + z + a_{m_1} z^{m_1} + a_{m_2} z^{m_2} + \dots + a_{m_k} z^{m_k} \qquad (1 < m_1 < m_2 < \dots < m_k = n)$$

vom Grade n besitzt wenigstens eine Nullstelle im Kreisbereich

$$|z| \leqq \prod_{\varkappa=1}^{k} \frac{m_\varkappa}{m_\varkappa - 1} \leqq k + 1\,,$$

jedes Lückenpolynom

$$f(z) = 1 + z^p + a_{m_1} z^{m_1} + a_{m_2} z^{m_2} + \dots + a_{m_k} z^{m_k}$$
$$(1 \leqq p < m_1 < m_2 < \dots < m_k = n)$$

vom Grade n wenigstens eine Nullstelle im Kreisbereich

$$|z| \leqq \left(\prod_{\varkappa=1}^{k} \frac{m_\varkappa}{m_\varkappa - p}\right)^{\frac{1}{p}} \leqq \left[\binom{p+k}{k}\right]^{\frac{1}{p}}.$$

In voller Allgemeinheit griff *P. Montel*[83]) dieses sog. *Landau-Montel*sche Problem an, indem er nachwies, daß jedes Lückenpolynom

$$f(z) = a_0 + a_1 z + \dots + a_p z^p + a_{m_1} z^{m_1} + a_{m_2} z^{m_2} + \dots + a_{m_k} z^{m_k}$$
$$(1 \leqq p < m_1 < m_2 < \dots < m_k = n)$$

79) *L. Berwald*, Math. Zeitschr. **37**, 61—76 (1933). Vgl. auch *T. Hayashi*, Tôhoku Math. Journal **2**, 215 (1912/13); *S. Lipka*, Acta Szeged **5**, 69—77 (1931).

80) Vierteljahrschr. Naturf. Gesellsch. Zürich **51**, 252—318 (1906); Ann. Ec. norm. sup. (3) **24**, 179—201 (1907).

81) Bull. Amer. Math. Soc. **13**, 443—447 (1907).

82) Math. Ann. **65**, 413—423 (1908).

83) Ann. Ec. norm. sup. (3) **40**, 1—34 (1933).

vom Grade n mindestens p Nullstellen in einem Kreisbereich $|z| \leqq R_p$ besitzt, dessen Radius $R_p = R_p(a_0, a_1, \ldots, a_p; k)$ nur von den ersten Koeffizienten und der Anzahl k der nachfolgenden Glieder abhängt. Noch weitergehend ist der nachfolgende Satz von *P. Montel* und *R. Ballieu*[84]):

Sind $f(z)$ und $g(z)$ komplexe Polynome der Grade $0 < p < q$ und bezeichnet $0 \leqq m_1 < m_2 < \ldots < m_k$ eine beliebige Reihe von k ganzen Zahlen, so existiert für jede Anzahl $h \leqq p$ eine nur von den Koeffizienten der Polynome $f(z)$, $g(z)$ und der Anzahl k abhängige Schranke $R_h = R_h(f(z), g(z); k)$, derart daß jedes Polynom der Gestalt

$$F(z) = f(z) + g(z)(a_1 z^{m_1} + a_2 z^{m_2} + \ldots + a_k z^{m_k})$$

mindestens h Nullstellen im Kreisbereich $|z| \leqq R_h$ besitzt.

Die vielfachen Bemühungen, die optimalen Schranken R_h dieses Satzes zu bestimmen, haben bisher noch nicht zu einem vollständigen Erfolg geführt. Vor allem hat man sich damit beschäftigt, für das Lückenpolynom

$$f(z) = a_0 + a_1 z + \ldots + a_p z^p + a_{m_1} z^{m_1} + a_{m_2} z^{m_2} + \ldots + a_{m_k} z^{m_k} \qquad (a_p \neq 0)$$

vom Grade $m_k = n$ die Radien $R_h = R_h(a_0, a_1, \ldots, a_p; k)$ bzw. $R_h = R_h(a_0, a_1, \ldots, a_p; m_1, m_2, \ldots, m_k)$ für Kreisbereiche $|z| \leqq R_h$ genau zu bestimmen oder doch abzuschätzen, die wenigstens h Nullstellen des Polynoms $f(z)$ enthalten.

Von *M. Biernacki*[85]) stammt das folgende allgemeinste Ergebnis, das er auf einem langen und schwierigen Wege erzielte: *Liegen die Nullstellen des Polynoms $f_0(z) = a_0 + a_1 z + \ldots + a_p z^p$ vom Grade p im Kreisbereich $|z| \leqq R_0$, so liegen mindestens p Nullstellen des Polynoms*

$$f(z) = a_0 + a_1 z + \ldots + a_p z^p + a_{m_1} z^{m_1} + a_{m_2} z^{m_2} + \ldots + a_{m_k} z^{m_k}$$

im Kreisbereich

$$|z| \leqq R_0 \frac{m_1}{m_1 - p} \frac{m_2}{m_2 - p} \cdots \frac{m_k}{m_k - p} \leqq R_0 \binom{p+k}{k}.$$

Bemerkenswert ist dabei, daß die vom Radius R_0 und den Exponenten $m_1, m_2, \ldots, m_k$ abhängige Schranke nur im Falle $p = k = 1$ optimal ist, während die zweite, allein vom Radius R_0 und den Anzahlen p, k abhängige Schranke nicht mehr verbessert werden kann. Ferner gelang es *M. Biernacki* nachzuweisen, daß ein Lückenpolynom der Gestalt

$$f(z) = 1 + z^p + a_{m_1} z^{m_1} + a_{m_2} z^{m_2} + \ldots + a_{m_k} z^{m_k}$$

84) *R. Ballieu*, Mém. Soc. Roy. Sci. Liège (IV) **1**, 85—191 (1936).

85) Bull. Acad. Polonaise, série A **1927**, 541—685.

vom Grade $n = m_k$ wenigstens p Nullstellen im Kreisbereich

$$|z| \leqq \left[\frac{m_1}{m_1 - p}\,\frac{m_2}{m_2 - p} \cdots \frac{m_k}{m_k - p}\right]^{\frac{1}{p}}$$

besitzt.

Andere, nicht so scharfe, indes auf wesentlich einfacherem Wege erreichbare Schranken für das gleiche Problem hat *M. Marden*[86]) angegeben. Die Bestimmung optimaler Schranken $R_h(a_0, a_1, \ldots, a_p\,;\, m_1, m_2, \ldots, m_k)$ in diesem Gedankenkreis scheint dadurch besonders erschwert zu sein, daß sie in starkem Maße von arithmetischen Beziehungen der Exponenten $m_1, m_2, \ldots, m_k$ abhängig sind. Dies lassen bereits die eingehenden Untersuchungen der einfachsten Fälle

$$f(z) = a_0 + a_p z^p + a_{m_1} z^{m_1} \quad \text{und} \quad f(z) = a_0 + a_p z^p + a_{m_1} z^{m_1} + a_{m_2} z^{m_2}$$

trinomischer und quadrinomischer Polynome erkennen, die man *G. Herglotz*[87]), *M. Biernacki*[88]) und *J. Dieudonné*[89]) verdankt.

13. Werteverteilung. Unter gewissen Annahmen über die Verteilung der Nullstellen eines komplexen Polynoms

$$f(z) = \sum a_\nu z^\nu = a_n (z - \zeta_1)(z - \zeta_2) \ldots (z - \zeta_n)$$

vom Grade n lassen sich auch Aussagen über die Verteilung der A-Stellen des Polynoms gewinnen. Gehören die Nullstellen des Polynoms $f(z)$ dem Kreisgebiet $\mathfrak{C}$ der Zahlenebene an, so besitzt jede A-Stelle η_ν des Polynoms $f(z)$ die Gestalt[90])

$$\eta_\nu = \gamma_\nu + \varepsilon_\nu \alpha \quad \text{mit} \quad \gamma_\nu \in \mathfrak{C}\,;\; \varepsilon_\nu^n = 1\,;\; \alpha = \left|\frac{A}{a_n}\right|^{\frac{1}{n}} \qquad (\text{für } 1 \leqq \nu \leqq n).$$

Liegen also die Nullstellen von $f(z)$ im Kreisbereich $|z - \zeta_0| \leqq r$, so liegen sämtliche A-Stellen von $f(z)$ gewiß im Kreisbereich $|z - \zeta_0| \leqq r + \alpha$.

Eingehendere Untersuchungen über diesen Gegenstand hat *G. v. Sz. Nagy*[91]) durchgeführt. Besitzt das Polynom $f(z)$ lauter verschiedene Nullstellen und ist jede Nullstelle ζ_ν (für $1 \leqq \nu \leqq n$) in einen Kreisbereich $\mathfrak{C}_\nu = \{|z - \zeta_\nu| \leqq \varrho_\nu\}$ eingeschlossen, so liegt im Falle $\varrho_1 \varrho_2 \ldots \varrho_n = |A|$ keine A-Stelle des Polynoms $f(z)$ außerhalb aller Kreisbereiche $\mathfrak{C}_\nu$ oder

86) Bull. Amer. Math. Soc. **54**, 546—549 (1948). Vgl. auch 84) und *E. B. van Vleck*, Bull. Soc. Math. France **53**, 105—125 (1925).

87) Leipziger Berichte, Math. Phys. Kl. **74**, 1—8 (1922).

88) Vgl. 85).

89) Ann. Ec. norm. sup. (3) **48**, 247—358 (1931); Mathematica **10**, 37—45 (1934). Vgl. auch *P. Nekrasoff*, Math. Ann. **29**, 413—430 (1887).

90) Eine Folge des Satzes von *Grace* (vgl. **24**).

91) Museumi Füzetek **1**, 132—152 (1943); Acta Szeged **11**, 147—151 (1947).

im Durchschnitt $\bigcap\limits_\nu \mathfrak{C}_\nu$ aller Kreisbereiche; im Falle $|B| \leqq |A|$ liegen sämtliche B-Stellen des Polynoms $f(z)$ in der Vereinigung $\bigcup\limits_\nu \mathfrak{C}_\nu$. Sind die Teilvereinigungen $\mathfrak{C}' = \bigcup\limits_1^p \mathfrak{C}_\nu$ und $\mathfrak{C}'' = \bigcup\limits_{p+1}^n \mathfrak{C}_\nu$ zueinander fremd, so liegen im Falle $|B| \leqq |A|$ genau p B-Stellen im Bereich $\mathfrak{C}'$ und $n-p$ B-Stellen im Bereich $\mathfrak{C}''$.

Liegen alle Nullstellen von $f(z)$ im Kreisbereich $|z-\zeta_0| \leqq r$, so liegen sämtliche A-Stellen von $f(z)$ im Kreisbereich $|z-\zeta_0| \leqq r+\alpha$ und im Falle $\alpha > r$ sogar im Kreisring $\alpha - r \leqq |z-\zeta_0| \leqq r+\alpha$. Liegen genau p Nullstellen von $f(z)$ im Kreisbereich $|z-\zeta_0| \leqq r_1$ und $n-p$ Nullstellen im Kreisbereich $|z-\zeta_0| \geqq r_2 > r_1$, so liegen im Falle $r_2 - r_1 \geqq \alpha(s+1)$ mit $s > 1$ genau p bzw. $n-p$ A-Stellen von $f(z)$ in den Kreisbereichen

$$|z-\zeta_0| \leqq r_1 + \alpha s^{1-\frac{n}{p}} \quad \text{bzw.} \quad |z-\zeta_0| \geqq r_2 - \alpha s^{1-\frac{n}{n-p}}.$$

Aussagen über die Werteverteilung sind auch die nachstehenden Mittelwertsätze, die in Sonderfällen von *M. Fekete*[92]) und *G. v. Sz. Nagy*[93]), in der hier angegebenen allgemeinen Gestalt von *M. Marden*[94]) stammen: Es bezeichne $\mathfrak{P}$ den Pferchbereich beliebiger Punkte $z_1, z_2, \ldots, z_k$ der Zahlenebene, ferner seien $m_1, m_2, \ldots, m_k$ komplexe Zahlen, deren Argumente der Beschränkung

$$\varphi_0 \leqq \arg m_\varkappa \leqq \varphi_0 + \delta < \varphi_0 + \pi \qquad (\text{für } 1 \leqq \varkappa \leqq k)$$

unterliegen. Dann enthält für jedes komplexe Polynom $f(z)$ vom Grade n der Sternbereich $\mathfrak{S}\left(\mathfrak{P}; \frac{\pi-\delta}{n}\right)$ mindestens eine Stelle ζ, in der $f(z)$ den durch die Gleichung

$$f(\zeta) \sum_1^k m_\varkappa = \sum_1^k m_\varkappa f(z_\varkappa)$$

erklärten Mittelwert annimmt. Wenn also die Gleichung

$$\sum_1^k m_\varkappa f(z_\varkappa) = 0$$

besteht, so besitzt $f(z)$ mindestens eine Nullstelle in diesem Sternbereich.

Es bezeichne $\mathfrak{C} = \{z = \psi(t) \mid 0 \leqq t \leqq 1\}$ eine rektifizierbare Kurve der Zahlenebene und $\mathfrak{P} = \mathfrak{P}(\mathfrak{C})$ ihren Pferchbereich. Auf $\mathfrak{C}$ sei eine stetige

---

92) Acta Szeged **1**, 98—100 (1923); Jahresber. DMV. **32**, 299—306 (1924); **34**, 220—233 (1926); Math. Zeitschr. **22**, 1—7 (1925).

93) Jahresber. DMV. **32**, 307—309 (1924).

94) Bull. Amer. Math. Soc. **38**, 434—441 (1932); **39**, 750—754 (1933).

Funktion $m(z)$ erklärt, deren Argument der Beschränkung

$$\varphi_0 \leqq \arg m(z) \leqq \varphi_0 + \delta < \varphi_0 + \pi$$

unterworfen ist. Dann enthält für jedes komplexe Polynom $f(z)$ vom Grade n der Sternbereich $\mathfrak{S}\left(\mathfrak{P}, \frac{\pi-\delta}{n}\right)$ mindestens eine Stelle ζ, in der $f(z)$ den durch die Gleichung

$$f(\zeta) \int_0^1 \alpha(\psi(t))\, dt = \int_0^1 f(\psi(t))\alpha(\psi(t))\, dt$$

erklärten Mittelwert annimmt. Im Falle

$$\int_0^1 f(\psi(t))\alpha(\psi(t))\, dt = 0$$

besitzt also $f(z)$ mindestens eine Nullstelle ζ in diesem Bereich.

Auch die Frage der Werteverteilung bei einer rationalen Funktion kann auf die Frage nach der Nullstellenverteilung eines Polynoms zurückgeführt werden. Eine (reduzierte) komplexe rationale Funktion

$$R(z) = \frac{f(z)}{g(z)} = \frac{a_0 + a_1 z + \ldots + a_n z^n}{b_0 + b_1 z + \ldots + b_n z^n}$$

ist vom Grade n, wenn $|a_n| + |b_n|$ von Null verschieden ist; eine A-Stelle der Funktion $R(z)$ ist dann Nullstelle des Polynoms $h(z) = g(z) - A f(z)$.

Ist α Nullstelle und β Pol von $R(z)$, ferner

$$|A| \leqq |\gamma| \quad \text{mit} \quad \gamma = \frac{f(\beta)}{g(\alpha)},$$

so besitzt $R(z)$ wenigstens eine A-Stelle im Kreisgebiet

$$\left|\frac{z-\alpha}{z-\beta}\right| < \left|\frac{A}{\gamma}\right|^{\frac{1}{n}},$$

oder es liegen sämtliche A-Stellen auf dem Rande des Gebietes. Im Falle

$$0 < \omega = \left|\arg\left(-\frac{A}{\gamma}\right)\right| \leqq \pi$$

enthält auch das zur Strecke $\overline{\alpha\beta}$ gehörige Kreisbogenzweieck $\mathfrak{S}\left(\overline{\alpha\beta}; \frac{\omega}{n}\right)$ eine A-Stelle der Funktion $R(z)$ in seinem Innern, oder es liegen sämtliche A-Stellen auf dem Rande.

Unter der Annahme, daß die Verteilung der Nullstellen und Pole von $R(z)$ bekannt ist und daß $R(z)$ die Gestalt hat:

$$R(z) = \prod_1^n \frac{z-\alpha_\nu}{z-\beta_\nu},$$

liegt für $0 < |A| = t^n < 1$ jede A-Stelle der Funktion $R(z)$ in einem der Kreisbereiche

$$\left|\frac{z-\alpha_\nu}{z-\beta_\nu}\right| \leqq t \qquad (1 \leqq \nu \leqq n)\,.$$

Im Falle $0 < \omega = |\arg A| \leqq \pi$ enthält auch die Vereinigung der Kreisbogenzweiecke $\mathfrak{S}\left(\overline{\alpha_\nu \beta_\nu}\,;\, \frac{\omega}{n}\right)$ sämtliche A-Stellen von $R(z)$[95]).

C. Zählung der Nullstellen in vorgegebenen Gebieten

14. Die Zeichenregeln. Der Sturmsche Satz. Die Darstellung der Untersuchungen, die das Problem der Nullstellenzählung in vorgegebenen Gebieten behandeln, beginnen wir mit der Schilderung der verschiedenen Methoden, die die Zählung der reellen Nullstellen eines reellen Polynoms zum Ziele haben. Es bezeichne im Folgenden $V(c_0, c_1, \ldots, c_k)$ die Anzahl der *Vorzeichenwechsel* in der Reihe $c_0, c_1, \ldots, c_k$ reeller Zahlen, wobei etwa verschwindende Werte nicht zu berücksichtigen sind.

Für ein reelles Polynom $f(z)$ vom Grade n und seine Ableitungen und einen beliebigen reellen Wert ξ bedeute $V_k(\xi)$ die Anzahl

$$V_k(\xi) = V(f(\xi), f'(\xi), f''(\xi), \ldots, f^{(k)}(\xi))\,.$$

Sind dann $\alpha < \beta$ reelle Werte, für die die Ableitung $f^{(k)}(z)$ nicht verschwindet, so stehen die Anzahlen $N(\alpha, \beta)$ und $N_k(\alpha, \beta)$ der (reellen) Nullstellen von $f(z)$ bzw. $f^{(k)}(z)$ im Intervall $\alpha < z \leqq \beta$ (bei genauer Zählung ihrer Vielfachheiten) in der Beziehung

$$N(\alpha, \beta) = N_k(\alpha, \beta) + V_k(\alpha) - V_k(\beta) - 2\nu_k$$

mit einer nichtnegativen ganzen Zahl ν_k[96]). Der Fall $k = n$ liefert die Regel von (*Budan*)-*Fourier*[97])

$$N(\alpha, \beta) = V_n(\alpha) - V_n(\beta) - 2\nu_n\,.$$

Eine Anwendung auf das Intervall $0 < z < \infty$ gibt die Regel von *Descartes-(Harriot)*[98]): Die Anzahlen $p(f)$ und $q(f)$ der positiven bzw. negativen Nullstellen eines reellen Polynoms $f(z) = \sum a_\nu z^\nu$ (mit $a_0 a_n \neq 0$) genügen

95) *G. v. Sz. Nagy*, Comment. Math. Helv. **23**, 288—293 (1949). Vgl. auch *M. Fekete*, Acta Szeged **4**, 234—243 (1929); *G. v. Sz. Nagy*, Acta Math. Hungar. **1**, 1—13 (1948).

96) *A. Hurwitz*, Math. Ann. **71**, 584—591 (1912). Vgl. auch *H. Tietze*, Monatsh. Math. Phys. **43**, 210—214 (1936).

97) *J. Fourier*, Analyse des équations déterminées. Paris 1831. Die Regel wird zu Unrecht auch nach *D. Budan de Bois-Laurent* benannt.

98) *R. Descartes*, La géométrie, Livre III. Neuausgabe Paris 1886. Zu Unrecht auch nach *Th. Harriot* benannt.

den Gleichungen

$$p(f) = V(a_0, a_1, a_2, \ldots, a_n) - 2r\,;\; q(f) = V(a_0, -a_1, a_2, \ldots, (-1)^n a_n) - 2s$$

mit ganzen nichtnegativen Zahlen r, s. Eine Variation dieser *Descartes*schen Zeichenregel hat *K. Jacobi*[99]) angegeben: Der Übergang vom Polynom $f(z)$ zum Polynom

$$g(z) = (1 + z)^n f\left(\frac{\alpha + \beta z}{1 + z}\right) = \sum b_\nu z^\nu$$

bestimmt die Anzahl der reellen Nullstellen von $f(z)$ im Intervall $\alpha < z < \beta$ durch die Gleichung

$$N(\alpha, \beta) = V(b_0, b_1, \ldots, b_n) - 2r$$

mit einer nichtnegativen ganzen Zahl r.

Eine weitere ähnliche Regel stammt von *E. Laguerre*[100]): Bildet man aus einem reellen Polynom $f(z) = \Sigma a_\nu z^\nu$ vom Grade n die Abschnittspolynome

$$f_\nu(z) = a_\nu + a_{\nu+1} z + \ldots + a_n z^{n-\nu} \qquad \text{für } 0 \leqq \nu \leqq n\,,$$

so besteht für die Anzahl $N(\alpha, \infty)$ der Nullstellen von $f(z)$ im Intervall $0 < \alpha < z < \infty$ die Gleichung

$$N(\alpha, \infty) = V(f(\alpha), f_1(\alpha), \ldots, f_n(\alpha)) - 2r$$

mit einer nichtnegativen ganzen Zahl r. Der Vorzug dieser Regel besteht darin, daß die Werte $f_\nu(\alpha)$ durch die Rekursion

$$f_{\nu-1}(\alpha) = a_{\nu-1} + \alpha f_\nu(\alpha)\,;\; f_n(\alpha) = a_n \qquad (1 \leqq \nu \leqq n)$$

besonders leicht bestimmt werden können.

Ein Gütevergleich dieser Regeln zeigt indes, daß die von *Jacobi* angegebene Variation der *Descartes*schen Regel niemals schlechter ist, d. h. niemals eine größere Schranke ergibt, als die Regeln von *Budan-Fourier* und *Laguerre*[101]). Ebenso ergibt die Regel von *Budan-Fourier* niemals eine größere Schranke als die Regel von *Laguerre*[102]). Genauer läßt sich nachweisen, daß alle diese Regeln nicht eigentlich eine obere Schranke für die reellen Nullstellen des reellen Polynoms $f(z)$ im Intervall $\alpha < z < \beta$ ergeben, als vielmehr eine obere Schranke für die Anzahl aller Nullstellen von $f(z)$ liefern, die im Innern des zur Strecke $\overline{\alpha\beta}$ gehörigen Kreisbogenzweiecks $\mathfrak{S}\left(\overline{\alpha\beta}\,;\, \frac{n-1}{n}\pi\right)$ liegen[103]).

99) Journal reine angew. Math. **13**, 340—352 (1835).
100) Nouv. Ann. Math. (2) **18**, 5—13 (1879).
101) *I. J. Schoenberg*, Math. Zeitschr. **38**, 546—564 (1934).
102) *A. Ostrowski*, Ann. Mat. pur. appl. (III) **31**, 65—68 (1950).
103) *S. Lipka*, Acta Szeged **7**, 177—185 (1935).

Auch über die Genauigkeit dieser Vorzeichenregeln sind verschiedentlich Untersuchungen angestellt worden. So existiert nach *S. Lipka*[103]) zu jedem reellen Polynom $f(z) = \sum a_\nu z^\nu$ vom Grade n eine Tschirnhaus-Transformierte $F(z) = \sum b_\nu z^\nu$, derart daß $V(b_0, b_1, \ldots, b_n)$ die Anzahl der positiven Nullstellen von $f(z)$ und $F(z)$ zählt. Es gibt auch stets einen Exponenten k, derart daß die *Descartes*sche Zeichenregel die positiven Nullstellen des Polynoms $g(z) = (z+1)^k f(z)$, also auch von $f(z)$ genau angibt[104]). Ferner gibt die Regel von *Budan-Fourier* die genaue Anzahl $N(\alpha, \beta)$ der Nullstellen des Polynoms $f(z)$ im Intervall $\alpha < z < \beta$, wenn dieses Intervall außerhalb aller *Jensen*schen Kreise (vgl. **20**) aller Polynome $f^{(\nu)}(z)$ (für $0 \leqq \nu \leqq n-2$) gelegen ist. Gehören die nichtreellen Nullstellen von $f(z)$ sämtlich einem Kreisgebiet $|z + a| < r$ mit positivem a und einem Radius $\frac{a}{\sqrt{n}} \leqq r < a$ an, so liefert die *Descarte*sche Regel die genaue Anzahl der positiven Nullstellen von $f(z)$[105]).

Liegen alle Nullstellen eines reellen Polynoms $f(z) = \sum a_\nu z^\nu$ im Doppelwinkelraum

$$\frac{n-1}{n}\pi < \arg z < \frac{n+1}{n}\pi; \quad -\frac{\pi}{n} < \arg z < \frac{\pi}{n},$$

so gibt die Anzahl $V(a_0, a_1, \ldots, a_n)$ die genaue Nullstellenzahl im Sektor $-\frac{\pi}{n} < \arg z < \frac{\pi}{n}$[106]).

Die *Descartes*sche Zeichenregel läßt auch eine Verallgemeinerung auf komplexe Polynome $f(z) = \sum a_\nu z^\nu$ zu, deren Koeffizienten (nach geeigneter Normierung) einem aus den Teilsektoren

$$\mathfrak{S}_1(\gamma) = \{-\gamma \leqq \arg z \leqq \gamma < \pi/2\}; \quad \mathfrak{S}_2(\gamma) = \{\pi - \gamma \leqq \arg \leqq \pi + \gamma\}$$

bestehenden Doppelsektor $\mathfrak{S}(\gamma)$ angehören. Für zwei aufeinander folgende Koeffizienten $a_\nu, a_{\nu+1}$ liegt ein *Wechsel bezüglich* $\mathfrak{S}(\gamma)$ vor, wenn sie nicht dem gleichen Teilsektor $\mathfrak{S}_1(\gamma)$ (oder $\mathfrak{S}_2(\gamma)$) angehören. Die Anzahl der Nullstellen von $f(z)$ im Sektor

$$-\frac{\pi - 2\gamma}{n} < \arg z < \frac{\pi - 2\gamma}{n}$$

ist dann höchstens gleich der Anzahl $V^*(a_0, a_1, a_2, \ldots, a_n)$ der Wechsel bezüglich $\mathfrak{S}(\gamma)$ in der Koeffizientenfolge[107]).

104) *S. Lipka*, Mat. fiz. Lapok **45**, 78—93 (1937).

105) *S. Lipka*, Mat. természett. Ertes. **53**, 149—154 (1935); Jahresber. DMV. **52**, 204—217 (1942).

106) *S. Lipka*, Math. Zeitschr. **47**, 343—351 (1941). Weitere Verallgemeinerung: *N. Obreschkoff*, Doklady Akad. Nauk USSR, n. Ser. **85**, 489—492 (1952).

107) *I. J. Schoenberg*, Duke Math. Journal **2**, 84—94 (1936); *N. Obreschkoff*, Jahresber. DMV. **33**, 52—64 (1924).

Die genaue Anzahl der reellen Nullstellen eines reellen Polynoms $f(z)$ in einem vorgegebenen Intervall $\alpha \leqq z \leqq \beta$ bestimmt der Satz von *C. Sturm*[108]). Man bildet zu diesem Zwecke zum Polynom $f(z)$, von dem angenommen wird, daß es keine mehrfache Nullstellen besitze, eine *Sturmsche Kette*, d. h. eine Folge reeller Polynome

$$f(z) = f_0(z), f_1(z), f_2(z), \ldots, f_m(z)$$

mit folgenden Eigenschaften:

1. Es gilt $f_\mu(\alpha) f_\mu(\beta) \neq 0$ für $0 \leqq \mu \leqq m$ und $f_m(z) \neq 0$ für $\alpha \leqq z \leqq \beta$.

2. Im Falle $f(\gamma) = 0$ für eine Stelle $\alpha < \gamma < \beta$ gelte $f'(\gamma) f_1(\gamma) > 0$, im Falle $f_\mu(\gamma) = 0$ für $1 \leqq \mu \leqq m - 1$ gelte $f_{\mu-1}(\gamma) f_{\mu+1}(\gamma) < 0$.

Bedeutet dann $V(\gamma)$ die Anzahl $V(\gamma) = V(f_0(\gamma), f_1(\gamma), \ldots, f_m(\gamma))$, so ist $N(\alpha, \beta) = V(\alpha) - V(\beta)$ die genaue Anzahl der Nullstellen von $f(z)$ im Intervall $\alpha \leqq z \leqq \beta$. Die aus dem *euklidischen Algorithmus*

$$f_0(z) = f(z)\,;\; f_1(z) = f'(z)$$

$$f_{\nu-1}(z) = g_\nu(z) f_\nu(z) - f_{\nu+1}(z) \text{ mit grad } f_{\nu+1}(z) < \text{grad } f_\nu(z) \qquad (0 < \nu < n)$$

erhältliche Polynomfolge ist eine *Sturm*sche Kette. Bildet man diese Kette für ein Polynom $f(z)$ mit mehrfachen Nullstellen, so gibt die *Sturm*sche Regel die Anzahl $N^*(\alpha, \beta)$ der Nullstellen von $f(z)$ im Intervall $\alpha \leqq z \leqq \beta$, jedoch in einfacher Zählung ohne Berücksichtigung der Vielfachheiten[109]).

15. Die Formenmethode. Das Problem der Nullstellenzählung im Intervall $\alpha < z < \beta$ kann für reelle Polynome nach *C. Hermite*[110]) auch mit Hilfe der *Theorie quadratischer Formen* behandelt werden.

Das reelle Polynom $f(z) = \Sigma a_\nu z^\nu$ besitze paarweise verschiedene Nullstellen $\zeta_1, \zeta_2, \ldots, \zeta_n$, unter diesen seien r reell und $2s = n - r$ nichtreell. Bildet man aus reellen Veränderlichen $t_0, t_1, \ldots, t_{n-1}$ die Linearformen

$$y_\nu = t_0 + \zeta_\nu t_1 + \ldots + \zeta_\nu^{n-1} t_{n-1} \qquad (\text{für } 1 \leqq \nu \leqq n)$$

und aus diesen mit einer reellen Größe ξ die (reelle) quadratische Form

$$F_\xi(t) = \sum_1^n (\zeta_\nu - \xi) y_\nu^2 = \sum_{\varkappa, \lambda = 0}^{n-1} (s_{\varkappa+\lambda+1} - \xi s_{\varkappa+\lambda}) t_\varkappa t_\lambda$$

mit den Potenzsummen $s_k = s_k(\zeta_1, \zeta_2, \ldots, \zeta_n)$ des Polynoms $f(z)$, so hat

108) Mémoires Acad. Roy. Sc. Inst. France **6,** 273—318 (1835).

109) Weitere Verallgemeinerung: *N. R. Wilson,* Transactions Roy. Soc. Canada (III) **29,** 69—76 (1935).

110) Journal reine angew. Math. **52,** 39—51 (1854).

die Determinante dieser Form die Gestalt

$$\det |s_{\varkappa+\lambda+1} - \xi s_{\varkappa+\lambda}| = (-1)^n a_n f(\xi) D(f),$$

wenn noch $D(f)$ die Diskriminante des Polynoms $f(z)$ bezeichnet. Ist ξ nicht Nullstelle von $f(z)$, so stehen die Anzahlen $q(\xi)$ der negativen Eigenwerte der Form $F_\xi(t)$ und die Nullstellenzahl $N(\xi, \infty)$ von $f(z)$ auf der Halbgeraden $\xi < z < \infty$ in dem durch die Gleichung

$$q(\xi) = N(\xi, \infty) + 2s$$

gegebenen Zusammenhang. Im Falle $f(\alpha) f(\beta) \neq 0$ gewinnt man demnach die Nullstellenzahl $N(\alpha, \beta)$ des Polynoms $f(z)$ im Intervall $\alpha < z < \beta$ durch die Differenz

$$N(\alpha, \beta) = q(\alpha) - q(\beta).$$

Die quadratische Form

$$F_{-\infty}(t) = \sum_{\varkappa, \lambda} s_{\varkappa+\lambda} t_\varkappa t_\lambda$$

insbesondere führt auf das Kriterium von *A. Borchardt*[111]): *Genau dann besitzt das (reelle) Polynom $f(z)$ lauter verschiedene reelle Nullstellen, wenn die Abschnittsdeterminanten der Diskriminantenmatrix*

$$\begin{pmatrix} s_0 & s_1 & \cdots & s_{n-1} \\ s_1 & s_2 & \cdots & s_n \\ \cdot & \cdot & & \cdot \\ \cdot & \cdot & & \cdot \\ \cdot & \cdot & & \cdot \\ s_{n-1} & s_n & \cdots & s_{2n-2} \end{pmatrix}$$

sämtlich positiv sind.

A. Hurwitz[112]) hat dieser Formenmethode von *C. Hermite* eine allgemeinere Gestalt gegeben; wir beschränken uns auf den besonders wichtigen Fall zweier reeller Polynome

$$f(z) = \sum a_\nu z^\nu; \quad g(z) = \sum b_\nu z^\nu$$

des Grades n. Das für zwei reelle Veränderliche x, y gebildete Polynom

$$\frac{f(x)\, g(y) - f(y)\, g(x)}{x - y} = \sum_{\varkappa, \lambda = 0}^{n-1} B_{\varkappa\lambda} x^\varkappa y^\lambda$$

führt auf die quadratische Form

$$B(f, g; t) = \sum_{\varkappa, \lambda} B_{\varkappa\lambda} t_\varkappa t_\lambda,$$

111) Journal de Math. **12**, 50—67 (1847).
112) Math. Ann. **46**, 273—284 (1895).

die *Bezoutiante* der beiden Polynome $f(z), g(z)$, deren Determinante det $|B_{\varkappa\lambda}|$ die Resultante $R(f, g)$ der Polynome ist. Die mit Hilfe der Reihenentwicklung

$$\frac{g(z)}{f(z)} = \sum_0^\infty \frac{S_k}{z^k}$$

gebildete quadratische Form

$$B^*(f, g; t) = \sum_{\varkappa, \lambda} S_{\varkappa+\lambda+1} t_\varkappa t_\lambda$$

ist zur Bezoutiante $B(f, g; t)$ äquivalent. Besitzt überdies $f(z)$ die paarweise verschiedenen Nullstellen $\zeta_1, \zeta_2, \ldots, \zeta_n$, so ist $B(f, g; t)$ auch äquivalent der quadratischen Form

$$D(f, g; \tau) = \sum_{\nu=1}^{n} \frac{g(\zeta_\nu)}{f'(\zeta_\nu)} \tau_\nu^2 .$$

Daher besitzt $B(f, g; t)$ den Rang r, wenn die Polynome $f(z), g(z)$ genau $n - r$ gemeinsame Nullstellen besitzen.

Sind $f(z)$ und $g(z)$ teilerfremd, besitzt $f(z)$ genau r reelle Nullstellen $\zeta_1, \zeta_2, \ldots, \zeta_r$, so ist der *Cauchy*sche Index

$$p - q = \sum_{\varrho=1}^{r} \operatorname{sign} (g(\zeta_\varrho) f'(\zeta_\varrho))$$

die Signatur der Bezoutiante $B(f, g; t)$, die Differenz der Anzahl der positiven und der Anzahl der negativen Eigenwerte.

Für das Paar der Polynome $f(z)$ und $g(z) = (z - \xi) f'(z)$ gewinnt man insbesondere die zuvor angegebenen Resultate von *C. Hermite.* Bildet man zu $f(z) = f_0(z)$ und $f'(z) = f_1(z)$ die *Sturm*sche Kette

$$f_{\varrho-1}(z) = q_\varrho(z) f_\varrho(z) - f_{\varrho+1}(z) \quad \text{für } 1 \leqq \varrho \leqq r - 1 ,$$
$$f_{r-1}(z) = q_r(z) f_r(z) ,$$

so ist die Bezoutiante $B(f, (z - \xi) f'; t)$ der *Jacobi*schen Form

$$J(f, \xi; t) = \sum_0^r q_\varrho(\xi) t_\varrho^2 - 2 \sum_0^{r-1} t_\varrho t_{\varrho+1}$$

äquivalent[113]).

16. Die Charakteristikenmethode. Das Problem, die Anzahl der Nullstellen eines komplexen Polynoms $f(z)$ in einem vorgegebenen Gebiet der Zahlenebene zu bestimmen, kann (unter gewissen einschränkenden Voraussetzungen) durch die sog. *Charakteristikenmethode von L. Kron-*

113) *M. Krein, M. Neimark,* Comm. Inst. Sci. Math. Mécan. Univ. Kharkoff (IV) **10**, 33—39 (1934).

ecker[114]) gelöst werden. Die Schilderung dieser Theorie soll, der Anwendung entsprechend, auf die Ebene beschränkt bleiben. Bezeichnen $u_1(x, y)$, $u_2(x, y)$, $u_3(x, y)$ drei reelle, stetig partiell differenzierbare Funktionen des Realteils $x = \Re z$ und Imaginärteils $y = \Im z$ der komplexen Veränderlichen $z = x + iy$, so beranden die durch diese Funktionen dargestellten Kurven $C_\nu = \{u_\nu(x, y) = 0\}$ (für $\nu = 1, 2, 3$) offene Gebiete $\mathfrak{U}_\nu^+$, $\mathfrak{U}_\nu^-$ der Ebene, in denen $u_\nu(x, y)$ positive bzw. negative Werte annimmt. Jede Kurve C_ν sei derart orientiert, daß das Gebiet $\mathfrak{U}_\nu^-$ links von der Kurve liegt. Die Kurven mögen ferner nur endlich viele Schnittpunkte besitzen und niemals sämtlich durch einen Punkt gehen.

Wird weiter angenommen, daß in den Schnittpunkten

$$u_\varkappa(x, y) = u_\lambda(x, y) = 0 \text{ mit } \varkappa \neq \lambda$$

die Funktionaldiskriminante

$$[u_\varkappa, u_\lambda] = \frac{\partial u_\varkappa}{\partial x}\frac{\partial u_\lambda}{\partial y} - \frac{\partial u_\varkappa}{\partial y}\frac{\partial u_\lambda}{\partial x}$$

nicht verschwindet, so besteht für einen Schnittpunkt der Kurven C_1, C_2 die Gleichung

$$\operatorname{sign}\,[u_1, u_2] = \pm 1\,,$$

je nachdem ob die Kurve C_1 in diesem Punkt aus dem Gebiet $\mathfrak{U}_2^-$ in das Gebiet $\mathfrak{U}_2^+$ oder aus dem Gebiet $\mathfrak{U}_2^+$ in das Gebiet $\mathfrak{U}_2^-$ übertritt. Für die Summe dieser Werte, genommen für alle Schnittpunkte der Kurven C_1, C_2, besteht dann die Gleichung

$$\sum_{(1,2)} \operatorname{sign}\,[u_1, u_2] = 0\,.$$

Teilt man die Schnittpunktmenge (1, 2) der Kurven C_1, C_2 noch auf in die Schnittpunktmenge $(1, 2)^+$ im Gebiet $\mathfrak{U}_3^+$ und in die Schnittpunktmenge $(1, 2)^-$ im Gebiet $\mathfrak{U}_3^-$, so gilt auch

$$\sum_{(1,2)^+} \operatorname{sign}\,[u_1, u_2] + \sum_{(1,2)^-} \operatorname{sign}\,[u_1, u_2] = 0\,.$$

Bezeichnet man nun als *Kroneckersche Charakteristik* $\chi(u_1, u_2, u_3)$ des Funktionensystems die Größe

$$\chi(u_1, u_2, u_3) = \sum_{(1,2)^-} \operatorname{sign}\,[u_1, u_2] = -\sum_{(1,2)^+} \operatorname{sign}\,[u_1, u_2]\,,$$

so bestehen (in zyklischer Vertauschung der Indizes, bei entsprechender

114) Monatsh. Akad. Berlin **1869,** 159—193, 688—698.

Bedeutung der Symbole) die Gleichungen

$$\chi(u_1, u_2, u_3) = \sum_{(1,2)^-} \operatorname{sign}[u_1, u_2] = \sum_{(2,3)^-} \operatorname{sign}[u_2, u_3] = \sum_{(3,1)^-} \operatorname{sign}[u_3, u_1]$$
$$= -\sum_{(1,2)^+} \operatorname{sign}[u_1, u_2] = -\sum_{(2,3)^+} \operatorname{sign}[u_2, u_3] = -\sum_{(3,1)^+} \operatorname{sign}[u_3, u_1].$$

Die Charakteristik $\chi(u_1, u_2, u_3)$ kann gedeutet werden als die Anzahl der (im Gebiet $\mathfrak{U}_3^-$ gelegenen) Eintrittsstellen der Kurve C_1 in das Gebiet $\mathfrak{U}_2^+$ vermindert um die Anzahl der (im Gebiet $\mathfrak{U}_2^-$ gelegenen) Austrittsstellen der Kurve C_1 aus dem Gebiet $\mathfrak{U}_2^+$.

Ist nun

$$f(z) = u_1(x, y) + i\, u_2(x, y) \qquad \text{mit } z = x + iy$$

ein in Real- und Imaginärteil aufgespaltenes komplexes Polynom vom Grade n ohne mehrfache Nullstellen und $\mathfrak{G} = \mathfrak{U}_2^-$ ein einfach zusammenhängendes, durch eine (geschlossene) Kurve $C_3 = \{u_3(x, y) = 0\}$ berandetes Gebiet, so ist wegen

$$[u_1, u_2] = \left(\frac{\partial u_1}{\partial x}\right)^2 + \left(\frac{\partial u_2}{\partial y}\right)^2$$

die Charakteristik

$$\chi(u_1, u_2, u_3) = \sum_{(1,2)^-} \operatorname{sign}[u_1, u_2] = N(f, \mathfrak{G})$$

die Anzahl der Nullstellen von $f(z)$ im Gebiet $\mathfrak{U}_2^- = \mathfrak{G}$. Folglich besteht auch die Gleichung

$$N(f, \mathfrak{G}) = \sum_{(3,1)^-} \operatorname{sign}[u_3, u_1].$$

Die Nullstellenzahl $N(f, \mathfrak{G})$ ist demnach gleich der Anzahl der (innerhalb $\mathfrak{G}$ gelegenen) Eintrittsstellen der Kurve C_3 in das Gebiet $\mathfrak{U}_1^+$ vermindert um die Anzahl der (innerhalb $\mathfrak{G}$ gelegenen) Austrittsstellen der Kurve C_3 aus dem Gebiet $\mathfrak{U}_1^+$.

Ist insbesondere die Randkurve C_3 des Gebiets $\mathfrak{G}$ in Parameterdarstellung

$$C_3 = \{x = x(t)\,;\ y = y(t)\,;\ -\infty < t < +\infty\}$$

festgelegt, so liefern die reellen Wurzeln der Gleichung $u_1(x(t), y(t)) = 0$ die Schnittpunktmenge $(3, 1)$; die Auswahl der Schnittpunktmenge $(3, 1)^-$, in denen $u_2(x(t), y(t))$ einen negativen Wert besitzt, gibt die Anzahl

$$N(f, \mathfrak{G}) = \sum_{(3,1)^-} \operatorname{sign}[u_3, u_1] = \sum_{(3,1)^-} \operatorname{sign}\left(\frac{d u_1(x(t), y(t))}{dt}\right)$$

der Nullstellen des Polynoms $f(z)$ im Gebiet $\mathfrak{G}$.

Gleichwertig mit der soeben geschilderten Charakteristikenmethode ist das dem nachfolgenden Satze zugrunde liegende *Prinzip vom Argument*[115]):

Es sei C eine doppelpunktfreie orientierte Kurve, durch die die Ebene in ein rechtes Gebiet $\mathfrak{G}^+$ und ein linkes Gebiet $\mathfrak{G}^-$ geteilt wird. Ist dann $f(z)$ ein komplexes Polynom vom Grade n, das auf der Kurve C keine Nullstelle, in den Gebieten $\mathfrak{G}^+, \mathfrak{G}^-$ genau p^+ bzw. p^- Nullstellen besitzt, und $\Delta_C \arg f(z)$ die Gesamtänderung des Argumentes $\arg f(z)$ auf der Kurve C, so bestehen die Gleichungen

$$p^+ = \frac{1}{2}\left(n - \frac{1}{\pi}\Delta_C \arg f(z)\right); \quad p^- = \frac{1}{2}\left(n + \frac{1}{\pi}\Delta_C \arg f(z)\right).$$

In diesem Zusammenhang ist noch ein anwendungsreiches Beweisprinzip zu erwähnen, das sich auf den Satz von *E. Rouché*[116]) stützt:

Es sei $\mathfrak{G}$ ein einfach zusammenhängendes, von einer doppelpunktfreien geschlossenen Jordankurve C berandetes Gebiet der Ebene. Sind $F(z)$ und $G(z)$ in $\mathfrak{G}$ analytische Funktionen, die auf dem Rande C noch stetig sind und dort der Ungleichung $|G(z)| < |F(z)|$ genügen, so besitzt $H(z) = F(z) + G(z)$ in $\mathfrak{G}$ ebensoviele Nullstellen wie $F(z)$. Die Randbedingung kann zur Ungleichung $|G(z)| \leqq |F(z)|$ abgeschwächt werden, falls $H(z)$ auf dem Rande C keine Nullstelle besitzt.

17. Das Kreisproblem. Das Abzählungsproblem für die Nullstellen eines komplexen Polynoms $f(z)$ vom Grade n in einem Kreisgebiet kann stets auf den Sonderfall des Einheitskreises zurückgeführt werden. Das komplexe Polynom

$$f(z) = \sum a_\nu z^\nu = a_n(z - \zeta_1)(z - \zeta_2)\dots(z - \zeta_n) \qquad (a_0 a_n \neq 0)$$

vom Grade n besitze demgemäß $p = p_0$ (von Null verschiedene) Nullstellen im Innern, $q = q_0$ Nullstellen im Äußern und $s = s_0$ Nullstellen auf dem Rande des Einheitskreises $|z| = 1$. Bezeichnet noch $f^*(z)$ das zu $f(z)$ *assoziierte* Polynom

$$f^*(z) = z^n \overline{f}\left(\frac{1}{z}\right) = \overline{a}_n + \overline{a}_{n-1} z + \dots + \overline{a}_0 z^n,$$

so gehen dessen Nullstellen durch Spieglung am Einheitskreis aus den Nullstellen des Polynoms $f(z)$ hervor, weshalb die Gleichungen $p^* = q$; $q^* = p$; $s^* = s$ bestehen.

115) Vgl. *M. Marden*, The geometry of the zeros, Chap. IX; *A. Cauchy*, Journal Ec. polytechn. **15,** 176—229 (1837).

116) Journal Ec. polytechn. **22,** 217—218 (1862).

Zur Bestimmung der Anzahlen p_0, s_0, $q_0 = n - p_0 - s_0$ für das Polynom $f(z) = f_0(z)$ hat *A. Cohn*[117]) ein rekursives (in praxi recht bequemes) Verfahren entwickelt, das durch die nachstehenden Regeln die gestellte Aufgabe auf die Bestimmung der entsprechenden Anzahlen p_1, s_1, q_1 eines Polynoms $f_1(z)$ niedrigeren Grades zurückführt:

Regel I. Setzt man im Falle $|a_0| < |a_n|$

$$f_1(z) = \frac{1}{z}\left(\bar{a}_n f(z) - a_0 f^*(z)\right),$$

so gilt $p_0 = p_1 + 1$; $s_0 = s_1$.

Regel II. Setzt man im Falle $|a_0| > |a_n|$

$$f_1(z) = \bar{a}_0 f(z) - a_n f^*(z),$$

so gilt $p_0 = p_1$; $s_0 = s_1$.

Regel III. Bestehen für einen festen Index $k \leqq \left[\frac{n}{2}\right]$ die Beziehungen

$$a_0 = \varepsilon\bar{a}_n\,;\; a_1 = \varepsilon\bar{a}_{n-1}\,;\ldots;\, a_{k-1} = \varepsilon\bar{a}_{n-k+1}\,;\; a_k \neq \varepsilon\bar{a}_{n-k} \qquad \text{mit } |\varepsilon| = 1\,,$$

so setze man

$$G(z) = \left(z^k + 2\frac{b}{|b|}\right) f(z) \qquad \text{mit } b = \frac{a_k - \varepsilon\bar{a}_{n-k}}{a_0}.$$

Dann unterliegt $G(z)$ der Regel II, das hiernach gebildete Polynom $G_1(z)$ (vom Grade n) der Regel I. Für das nach dieser Regel gebildete Polynom $f_1(z) = G_2(z)$ vom Grade $n-1$ gilt dann $p_0 = p_1 + 1$; $s_0 = s_1$.

Regel IV. Setzt man im (*selbstassoziierten*) Falle $a_\nu = \varepsilon\bar{a}_{n-\nu}$ mit $|\varepsilon| = 1$ (für $0 \leqq \nu \leqq n$)

$$f_1(z) = n f(z) - z f'(z) = n a_0 + (n-1) a_1 z + \ldots + a_{n-1} z^{n-1},$$

so gilt $p_0 = p_1$; $s_0 = s_1$.

Regel V. Ist unter den aus dem Polynom $f(z) = f_0(z)$ (nach den Regeln I—IV) der Reihe nach gebildeten Polynomen

$$f(z) = f_0(z), f_1(z), f_2(z), \ldots$$

das erste selbstassoziierte Polynom $f_k(z)$ vom Grade m, so bestehen die Gleichungen

$$p_k = q_k \text{ und } s_0 = s_k = m - 2p_k\,.$$

Als Sonderfall dieser Regeln ergeben sich die Kriterien von *I. Schur*[118]):

---

117) Math. Zeitschr. **14**, 110—148 (1922).
118) Journal reine angew. Math. **148**, 122—145 (1918).

Die Nullstellen eines Polynoms $f(z) = \sum a_\nu z^\nu$ *vom Grade* n *liegen genau dann sämtlich im Kreisgebiet* $|z| < 1$, *wenn* $|a_0| < |a_n|$ *und sämtliche Nullstellen des Polynoms* $z f_1(z) = \bar{a}_n f(z) - a_0 f^*(z)$ *im Kreisgebiet* $|z| < 1$ *liegen.*

Die Nullstellen eines Polynoms $f(z) = \sum a_\nu z^\nu$ *vom Grade* n *liegen genau dann sämtlich auf dem Einheitskreis* $|z| = 1$, *wenn Gleichungen*

$$\bar{a}_\nu = \varepsilon \bar{a}_{n-\nu} \text{ mit } |\varepsilon| = 1 \qquad \text{für } 0 \leqq k \leqq n$$

bestehen und die Nullstellen der Ableitung $f'(z)$ *sämtlich im Kreisbereich* $|z| \leqq 1$ *liegen.*

Bildet man aus dem komplexen Polynom $f(z) = \sum a_\nu z^\nu$ vom Grade n den Ausdruck

$$\frac{f(x) f^*(y) - f(y) f^*(x)}{x - y} = \sum_0^{n-1} h_{\varkappa\lambda} x^\varkappa y^{n-1-\lambda},$$

so ist

$$H(f; u) = \sum_0^{n-1} h_{\varkappa\lambda} u_\varkappa \bar{u}_\lambda$$

die zum Polynom $f(z)$ gehörige *Hermite*sche Form, deren Determinante det $|h_{\varkappa\lambda}|$ die Resultante der Polynome $f(z)$ und $f^*(z)$ ist. Besitzen $f(z)$ und $f^*(z)$ keine gemeinsamen Nullstellen, so ist $H(f; u)$ eine reguläre Form; die Anzahlen p, q der Nullstellen von $f(z)$ im Innern bzw. Äußern des Einheitskreises stimmen überein mit den Anzahlen der positiven bzw. negativen Eigenwerte der Form $H(f; u)$. Setzt man in diesem Falle

$$\delta_k = \begin{vmatrix} a_n & 0 & \cdots & 0 & a_0 & a_1 & \cdots & a_{k-1} \\ a_{n-1} & a_n & \cdots & 0 & 0 & a_0 & \cdots & a_{k-2} \\ \cdot & \cdot & & & \cdot & \cdot & & \cdot \\ \cdot & \cdot & & & \cdot & \cdot & & \cdot \\ \cdot & \cdot & & & \cdot & \cdot & & \cdot \\ a_{n-k+1} & a_{n-k+2} & \cdots & a_n & 0 & 0 & \cdots & a_0 \\ \bar{a}_0 & 0 & \cdots & 0 & \bar{a}_n & \bar{a}_{n-1} & \cdots & \bar{a}_{n-k+1} \\ \bar{a}_1 & \bar{a}_0 & \cdots & 0 & 0 & \bar{a}_n & \cdots & \bar{a}_{n-k+2} \\ \cdot & \cdot & & & \cdot & \cdot & & \cdot \\ \cdot & \cdot & & & \cdot & \cdot & & \cdot \\ \cdot & \cdot & & & \cdot & \cdot & & \cdot \\ \bar{a}_{k-1} & \bar{a}_{k-2} & \cdots & \bar{a}_0 & 0 & 0 & \cdots & \bar{a}_n \end{vmatrix} \qquad \text{für } 1 \leqq k \leqq n,$$

so ist $\delta_n = \det |h_{\varkappa\lambda}| \neq 0$ und die Anzahl p gleich der Vorzeichenwechselzahl $V(1, \delta_1, \delta_2, \ldots, \delta_n)$[119]).

119) Vgl. auch *M. Marden*, Proceedings Nat. Acad. Sci. USA **34**, 15—17 (1948).

18. Das Halbebenenproblem. Gewisse Stabilitätsfragen der Mechanik oder der Theorie der Differentialgleichungen[120]) haben das Problem aufgeworfen, diejenigen (komplexen) Polynome zu kennzeichnen, deren Nullstellen sämtlich der *linken Halbebene* $\Re z < 0$ angehören. In allgemeinerer Fassung handelt es sich also um das Problem der Abzählung der Nullstellen eines Polynoms, die einer Halbebene angehören. Es bedeutet keine wesentliche Einschränkung, wenn für diese Halbebene entweder die *obere Halbebene* $\Im z > 0$ oder die *linke Halbebene* $\Re z < 0$ gewählt wird.

Ein reelles Polynom $f(z)$ vom Grade n, das genau r reelle Nullstellen besitzt, hat $\frac{1}{2}(n-r)$ Nullstellen in der Halbebene $\Im z > 0$. Für ein nichtreelles Polynom $f(z)$ vom Grade n kann die *Kronecker*sche Charakteristikenmethode herangezogen werden. Man zerlegt $f(z)$ in Real- und Imaginärteil

$$f(z) = \sum a_\nu z^\nu = \sum (a_\nu' + i a_\nu'') z^\nu = \sum a_\nu' z^\nu + i \sum a_\nu'' z^\nu = u_1(z) + i u_2(z)$$

mit reellen Polynomen $u_1(z)$, $u_2(z) \not\equiv 0$ und wählt $u_3(z) = \Re z = y = 0$, also die von $-\infty$ nach $+\infty$ orientierte reelle Zahlengerade. Bezeichnet dann σ^+ die Anzahl der reellen Nullstellen von $u_1(z)$, in denen der Quotient $\varrho(z) = \frac{u_1(z)}{u_2(z)}$ von negativen zu positiven Werten wechselt, entsprechend σ^- die Anzahl der reellen Nullstellen von $u_1(z)$, in denen $\varrho(z)$ von positiven zu negativen Werten wechselt, so besitzt $f(z)$ genau

$$N^+ = \tfrac{1}{2}[n + \sigma^- - \sigma^+] \quad \text{bzw.} \quad N^- = \tfrac{1}{2}[n - \sigma^- + \sigma^+]$$

Nullstellen in den Halbebenen $\Im z > 0$ bzw. $\Im z < 0$. Insbesondere liegen also alle Nullstellen von $f(z)$ in der Halbebene $\Im z > 0$, wenn $u_1(z)$ genau n reelle Nullstellen ξ_ν (für $1 \leqq \nu \leqq n$) besitzt, für die $\varrho'(\xi_\nu) < 0$ erfüllt ist[121]).

Nach *S. Benjaminowitsch*[122]) kann die Anzahl p der Nullstellen eines Polynoms $f(z)$ in der Halbebene $\Im z > 0$ auch rekursiv nach folgender Methode bestimmt werden:

1. Ist α eine Stelle mit $\Im \alpha > 0$ und $|\bar{f}(\alpha)| > |f(\alpha)| > 0$, so besitzt das Polynom

$$f_1(z) = \frac{\bar{f}(\alpha) f(z) - f(\alpha) \bar{f}(z)}{z - \alpha}$$

eine Nullstelle in $\Im z > 0$ weniger als das Polynom $f(z)$ und die gleichen reellen Nullstellen wie $f(z)$.

120) *E. J. Routh*, Dynamics of a system of rigid bodies. 6th ed. London 1905; *H. Bateman*, Bull. Amer. Math. Soc. **51**, 601—646 (1945).

121) *A. Hurwitz*, Math. Ann. **46**, 273—284 (1895).

122) Monatsh. Math. Phys. **42**, 279—308 (1935).

2. Ist α eine Stelle mit $\mathfrak{J}\alpha > 0$ und $0 < |\bar{f}(\alpha)| < |f(\alpha)|$, so besitzt das Polynom

$$f_1(z) = \frac{\bar{f}(\bar{\alpha})f(z) - f(\bar{\alpha})\bar{f}(z)}{z - \bar{\alpha}}$$

ebensoviele Nullstellen in $\mathfrak{J}z > 0$ wie das Polynom $f(z)$ und die gleichen reellen Nullstellen wie $f(z)$.

Eine zweite, von *S. Benjaminowitsch* angegebene Methode ist eine Abwandlung des von *A. Cohn* für das Kreisproblem entwickelten Verfahrens.

Eine Übertragung dieser Methode ist die folgende Aussage[123]: Zu einem komplexen Polynom $f(z)$ vom Grade n sei eine Stelle α bestimmt, für die $|\bar{f}(-\alpha)| > |f(\alpha)|$. Dann besitzt das Polynom

$$f_1(z) = \frac{f(z)\bar{f}(-\alpha) - \bar{f}(-z)f(\alpha)}{z - \alpha}$$

in der Halbebene $\mathfrak{R}z\,\mathfrak{R}\alpha > 0$ eine Nullstelle weniger als das Polynom $f(z)$, in der Halbebene $\mathfrak{R}z\,\mathfrak{R}\alpha < 0$ ebensoviele Nullstellen wie das Polynom $f(z)$.

Die Abzählung der Nullstellen eines Polynoms in der oberen Halbebene $\mathfrak{J}z > 0$ kann auch mit Hilfe einer *Sturm*schen Kette durchgeführt werden[124]). Ist wieder

$$f(z) = p_0(z) + i\,p_1(z)$$

die Zerlegung eines nichtreellen Polynoms $f(z)$ vom Grade n (ohne reelle Nullstellen) in Real- und Imaginärteil, so liefert der euklidische Algorithmus

$$p_{\varkappa-1}(z) = q_\varkappa(z)p_\varkappa(z) - p_{\varkappa+1}(z) \qquad \text{für } 1 \leqq \varkappa \leqq k$$

eine *Sturm*sche Kette, die mit dem größten gemeinschaftlichen Teiler $p_k(z)$ der Polynome $p_0(z)$, $p_1(z)$ endet, der jedenfalls keine reellen Nullstellen besitzt. Bedeutet dann $V(z)$ für eine reelle Zahl z die Vorzeichenwechselzahl

$$V(z) = V(p_0(z), p_1(z), \ldots, p_k(z)),$$

so werden die Anzahlen N^+, N^- der Nullstellen des Polynoms in den Halbebenen $\mathfrak{J}z > 0$ bzw. $\mathfrak{J}z < 0$ dargestellt durch

$$N^+ = \tfrac{1}{2}[n + V(+\infty)] - V(-\infty)\,; \quad N^- = \tfrac{1}{2}[n - V(+\infty)] + V(-\infty)\,.$$

Sind daher insbesondere in der *Kettenbruchentwicklung*

$$\frac{p_1(z)}{p_0(z)} = \frac{1}{c_1 z + d_1} - \frac{1}{c_2 z + d_2} - \frac{1}{c_3 z + d_3} - \cdots - \frac{1}{c_n z + d_n}$$

123) *I. Schur*, Zeitschr. angew. Math. Mech. **1**, 307—311 (1921).

124) Vgl. *J. A. Serret*, Cours d'analyse. 7e ed. Paris 1928.

alle Koeffizienten c_ν von Null verschieden, so ist N^+ bzw. N^- die Anzahl der negativen bzw. positiven Glieder in der Reihe $(c_1, c_2, \ldots, c_n)$[125]).

Die Übertragung der hier geschilderten Methoden auf das Problem der Abzählung der Nullstellen in der linken Halbebene $\Re z < 0$ läßt sich durch die einfache Überlegung erreichen, daß jeder Nullstelle des Polynoms $f(z)$ in der Halbebene $\Re z < 0$ umkehrbareindeutig eine Nullstelle des Polynoms $f(iz) = g(z)$ in der Halbebene $\Im z > 0$ entspricht. Aber auch die Methode von *A. Cohn* kann für dieses Problem verwendet werden, da jeder Nullstelle des Polynoms $f(z)$ in der Halbebene $\Re z < 0$ umkehrbareindeutig eine Nullstelle des Polynoms

$$g(z) = (z - 1)^n f\left(\frac{z+1}{z-1}\right)$$

im Kreisgebiet $|z| < 1$ zugeordnet werden kann.

Die angegebenen Abzählungsmethoden lassen sich auch in Determinantenform darstellen:

1. Die Koeffizienten eines normierten Polynoms $f(z)$ vom Grade n seien in Real- und Imaginärteil getrennt:

$$f(z) = z^n + (A_1 + iB_1)z^{n-1} + (A_2 + iB_2)z^{n-2} + \ldots + (A_n + iB_n);$$

ferner seien Γ_ν (für $1 \leqq \nu \leqq n$) die $(2\nu - 1)$-reihigen Abschnittsdeterminanten der $(2n - 1)$-reihigen Matrix

$$\begin{pmatrix} B_1 & B_2 & B_3 & \ldots & B_n & 0 & 0 & \ldots & 0 \\ 1 & A_1 & A_2 & \ldots & A_{n-1} & A_n & 0 & \ldots & 0 \\ 0 & B_1 & B_2 & \ldots & B_{n-1} & B_n & 0 & \ldots & 0 \\ 0 & 1 & A_1 & \ldots & A_{n-2} & A_{n-1} & A_n & \ldots & 0 \\ \cdot & \cdot & \cdot & & \cdot & \cdot & \cdot & & \cdot \\ \cdot & \cdot & \cdot & & \cdot & \cdot & \cdot & & \cdot \\ \cdot & \cdot & \cdot & & \cdot & \cdot & \cdot & & \cdot \\ 0 & 0 & 0 & \ldots & B_1 & B_2 & B_3 & \ldots & B_n \end{pmatrix}$$

Sind sämtliche Werte Γ_ν von Null verschieden, so ist die Anzahl N^+ der Nullstellen von $f(z)$ in der oberen Halbebene $\Im z > 0$ gleich der Vorzeichenwechselzahl $N^+ = V(1, \Gamma_1, \Gamma_2, \ldots, \Gamma_n)$.[126])

2. Unter den gleichen Voraussetzungen bilde man mit den Werten $A_k = B_k = 0$ für $k > n$ die Determinanten $\Delta_1 = A_1$ und

125) *E. Frank*, Bull. Amer. Math. Soc. **52**, 144—157; 890—898 (1946); *H. S. Wall*, Amer. Math. Monthly **52**, 308—322 (1945).

126) Vgl. 125) *E. Frank*.

$$\Delta_\nu = \begin{vmatrix} A_1 & A_3 & A_5 & \dots & A_{2\nu-1} & -B_2 & -B_4 & \dots & -B_{2\nu-2} \\ 1 & A_2 & A_4 & \dots & A_{2\nu-2} & -B_1 & -B_3 & \dots & -B_{2\nu-3} \\ \cdot & \cdot & \cdot & & \cdot & \cdot & \cdot & & \cdot \\ \cdot & \cdot & \cdot & & \cdot & \cdot & \cdot & & \cdot \\ \cdot & \cdot & \cdot & & \cdot & \cdot & \cdot & & \cdot \\ 0 & 0 & 0 & \dots & A_\nu & 0 & 0 & \dots & -B_{\nu-1} \\ 0 & B_2 & B_4 & \dots & B_{2\nu-2} & A_1 & A_3 & \dots & A_{2\nu-3} \\ 0 & B_1 & B_3 & \dots & B_{2\nu-3} & 1 & A_2 & \dots & A_{2\nu-4} \\ \cdot & \cdot & \cdot & & \cdot & \cdot & \cdot & & \cdot \\ \cdot & \cdot & \cdot & & \cdot & \cdot & \cdot & & \cdot \\ \cdot & \cdot & \cdot & & \cdot & \cdot & \cdot & & \cdot \\ 0 & 0 & 0 & \dots & B_\nu & 0 & 0 & \dots & A_{\nu-1} \end{vmatrix} \qquad (1 \leqq \nu \leqq n).$$

Sind sämtliche Werte Δ_ν von Null verschieden, so ist die Anzahl N^+ der Nullstellen von $f(z)$ in der rechten Halbebene $\Re z > 0$ die Vorzeichenwechselzahl $N^+ = V(1, \Delta_1, \Delta_2, \dots, \Delta_n)$[127])

3. Bildet man für ein normiertes reelles Polynom

$$f(z) = z^n + A_1 z^{n-1} + \dots + A_n$$

mit den Werten $A_k = 0$ für $k > n$ die Determinanten $\delta_1 = A_1$ und

$$\delta_\nu = \begin{vmatrix} A_1 & A_3 & A_5 & \dots & A_{2\nu-1} \\ 1 & A_2 & A_4 & \dots & A_{2\nu-2} \\ 0 & A_1 & A_3 & \dots & A_{2\nu-3} \\ 0 & 1 & A_2 & \dots & A_{2\nu-4} \\ \cdot & \cdot & \cdot & & \cdot \\ \cdot & \cdot & \cdot & & \cdot \\ \cdot & \cdot & \cdot & & \cdot \\ 0 & 0 & 0 & \dots & A_\nu \end{vmatrix} \qquad (1 \leqq \nu \leqq n),$$

so wird im Falle $\delta_\nu \neq 0$ (für $1 \leqq \nu \leqq n$) die Anzahl N^+ der Nullstellen von $f(z)$ in der Halbebene $\Re z > 0$ dargestellt durch

$$N^+ = V(1, \delta_1, \delta_3, \dots, \delta_r) + V(\delta_2, \delta_4, \dots, \delta_s),$$

worin $r = n$, $s = n - 1$, wenn n ungerade, $r = n - 1$, $s = n$, wenn n gerade ist[128]).

Hieraus folgt insbesondere das *Stabilitätskriterium von A. Hurwitz:*

Die Nullstellen eines reellen Polynoms $f(z) = z^n + A_1 z^{n-1} + \dots + A_n$ *liegen genau dann sämtlich in der Halbebene* $\Re z < 0$, *wenn sämtliche Determinanten* $\delta_1, \delta_2, \dots, \delta_n$ *positiv sind*[129]).

127) *H. Bilharz*, Zeitschr. angew. Math. Mech. **24**, 77—82 (1944).

128) Vgl. 126).

129) Für diesen Satz liegen zahlreiche Beweise vor: *E. Bompiani*, Giornale di Mat. **49**, 33—39 (1911); *L. Orlando*, Math. Ann. **71**, 233—245 (1912); *A. Liénard* et *M. H. Chipart*, Journal Math. pur. appl. (6) **10**, 291—346 (1914); *M. Fujiwara*, Tôhoku Math. Journal **8**, 78—85 (1915); Jap. Journal Math. **2**, 9—12 (1925); *T. Vahlen*, Zeitschr. angew. Math. Mech. **14**, 65—70 (1934); *N. Obreschkoff*, Math. Zeitschr. **45**, 747—750 (1939); *Y. I. Neimark*, Doklady Akad. Nauk USSR, n. Ser. **58**, 357—360 (1947).

Ähnliche Methoden[130]) gestatten auch die Abzählung der Nullstellen eines Polynoms $f(z)$ in einem Doppelsektor

$$\mathfrak{S}(\gamma) = \{ |\arg z| \leqq \gamma < \pi \} .$$

Das komplexe Polynom $f(z) = \sum a_\nu z^\nu$ vom Grade n besitze genau p Nullstellen im Doppelsektor $\mathfrak{S}(\gamma)$ und keine Nullstelle auf seinem Rande. Unter der Darstellung $z = re^{i\vartheta}$ zerlege man

$$\frac{1}{a_n} e^{-in\vartheta} f(re^{i\vartheta}) = P_0(r, \vartheta) + iP_1(r, \vartheta)$$

in reelle Polynome $P_0(r, \vartheta)$, $P_1(r, \vartheta)$ und bilde mittels des euklidischen Algorithmus

$$P_{\varkappa-1}(r, \vartheta) = P_\varkappa(r, \vartheta) Q_\varkappa(r, \vartheta) - P_{\varkappa+1}(r, \vartheta) \qquad (\text{für } 1 \leqq \varkappa \leqq k)$$

die *Sturm*sche Kette. Bedeutet dann $V(r, \vartheta)$ die Vorzeichenwechselzahl

$$V(r, \vartheta) = V(P_0(r, \vartheta), P_1(r, \vartheta), \ldots, P_k(r, \vartheta)),$$

so gilt

$$p = \tfrac{1}{2}[V(0, \gamma) - V(\infty, \gamma) - V(0, -\gamma) + V(\infty, -\gamma) + \varkappa + \varkappa'],$$

wenn noch die nichtnegativen Zahlen $\varkappa$, $\varkappa'$ durch die Bedingungen

$$\left| \arg\left(\frac{a_0}{a_n}\right) - n\gamma + \varkappa\pi \right| < \frac{\pi}{2}\,; \quad \left| \arg\left(\frac{a_0}{a_n}\right) + n\gamma - \varkappa'\pi \right| < \frac{\pi}{2}$$

bestimmt werden.

19. Der Satz von Erhard Schmidt. Unterliegen die Koeffizienten eines reellen Polynoms $f(z) = \sum a_\nu z^\nu$ vom Grade n den Beschränkungen

$$|a_\nu| \leqq \beta \text{ für } 0 \leqq \nu \leqq n\,;\; \alpha \leqq |a_0|\,;\; \alpha \leqq |a_n|\,,$$

so besitzt bei hinreichend großem Grade n das Polynom $f(z)$ nicht nur reelle Nullstellen. Denn *A. Bloch* und *G. Pólya*[131]) konnten für die Anzahl r_n der reellen Nullstellen von $f(z)$ unter diesen Einschränkungen die Ungleichung

$$r_n < A(\alpha, \beta) \frac{n \log\log n}{\log n} \qquad \text{für } n \geqq 3$$

mit einer allein von den Schranken α, β abhängigen Konstanten $A(\alpha, \beta)$ nachweisen. Eine analoge, aber wesentlich weiterreichende Aussage erhielt *E. Schmidt* durch funktionentheoretische Hilfsmittel: Die Anzahl r_n der reellen Nullstellen (bei genauer Zählung ihrer Vielfachheit) eines

130) *S. Sherman*, Philos. Mag. (7) **37**, 537—551 (1946).
131) Proceedings London Math. Soc. (2) **33**, 102—114 (1932).

Polynoms $f(z) = \sum a_\nu z^\nu$, dessen Koeffizienten der Beschränkung

$$\frac{1}{\sqrt{a_0 a_n}}(|a_0| + |a_1| + \ldots + |a_n|) \leqq P$$

unterworfen sind, genügt mit einer absoluten positiven Konstanten c der Ungleichung

$$r_n < \sqrt{cn \log P}\,.$$

Im Anschluß an dieses (übrigens niemals veröffentlichte) Ergebnis von *E. Schmidt* haben *I. Schur*[132]) und *G. Szegö*[133]) eingehende Untersuchungen über den gleichen Gegenstand angestellt: Bildet man aus den Koeffizienten eines (komplexen) Polynoms $f(z) = \sum a_\nu z^\nu$ (mit $a_0 a_n \neq 0$) die Größen

$$P = \frac{1}{\sqrt{a_0 a_n}}(|a_0| + |a_1| + \ldots + |a_n|),$$

$$Q = \frac{1}{a_0 a_n}(|a_0|^2 + |a_1|^2 + \ldots + |a_n|^2),$$

$$M = \frac{1}{\sqrt{a_0 a_n}} \max_{|z|=1} |f(z)|\,,$$

so bestehen für die Anzahlen p_n der positiven, q_n der negativen und $r_n = p_n + q_n$ der reellen Nullstellen des Polynoms $f(z)$ nach *I. Schur* die Ungleichungen:

$$\left.\begin{array}{ll} \text{Für } n > 0: & r_n^2 - 2r_n \\ \text{Für } n \geqq 6: & r_n^2 \end{array}\right\} \leqq 2n \log \frac{Q}{2} < 4n \log P$$

und:

$$\left.\begin{array}{ll} \text{Für } n - p_n - q_n \equiv 0\ (2): & p_n^2 + q_n^2 - p_n - q_n \\ \text{Für } n - p_n - q_n \equiv 1\ (2): & p_n^2 + q_n^2 - |p_n - q_n| \end{array}\right\} \leqq n \log \frac{Q}{2}.$$

Das eingangs erwähnte Problem von *A. Bloch* und *G. Pólya* läßt demnach folgende Verschärfung zu:

$$\left.\begin{array}{ll} \text{Für } n > 0: & r_n^2 - 2r_n \\ \text{Für } n \geqq 6: & r_n^2 \end{array}\right\} \leqq 2n \log (n+1) + 4n \log \frac{\beta}{\alpha}.$$

Konnte *I. Schur* diese Resultate mit algebraischen Hilfsmitteln erzielen, so gelang *G. Szegö* durch funktionentheoretische Überlegungen die weitere Verbesserung

$$r_n(r_n + 1) < 4(n+1) \log P \qquad \text{für } n > 0\,,$$

$$r_n(r_n + 1) + (p_n - q_n)^2 < 4(n+1) \log M \qquad \text{für } n > 0\,.$$

132) Sitzber. Akad. Berlin **1933**, 403—428.
133) Sitzber. Akad. Berlin **1934**, 86—98.

Die Konstante 4 kann übrigens in diesen Ungleichungen durch keine kleinere Konstante ersetzt werden.

P. Turán und *P. Erdös*[134]) gelang es, diesen Satz von *E. Schmidt* in einen Gleichverteilungssatz einzuordnen:

Besitzt (unter den gleichen Annahmen wie zuvor) das Polynom $f(z)$ genau $N(\alpha, \beta)$ Nullstellen im Sektor $\alpha \leqq \arg z \leqq \beta$, so besteht die Ungleichung

$$\left| N(\alpha, \beta) - \frac{\beta-\alpha}{2\pi} n \right| < 16 \sqrt{n \log P}.$$

In einem ähnlichen Gedankenkreis bewegen sich Untersuchungen, die *W. Specht*[135]) über die Häufigkeit von Nullstellen angestellt hat: Jedem normierten komplexen Polynom

$$f(z, \alpha) = z^n + \alpha_1 z^{n-1} + \alpha_2 z^{n-2} + \dots + \alpha_n$$

vom Grade n entspricht ein Punkt (α) des $2n$-dimensionalen euklidischen Raumes, einer Polynomklasse $\mathfrak{K}$ eine abgeschlossene beschränkte Bildmenge $\mathfrak{K}$ mit positivem Jordaninhalt $J_{2n}(\mathfrak{K})$, deren Schnitte mit beliebigen $2k$-dimensionalen Hyperebenen gleichfalls $2k$-dimensionale Inhalte besitzen sollen. Die Menge W^* aller Nullstellen aller Polynome $f(z) \in \mathfrak{K}$ in der Zahlenebene besitzt dann einen positiven zweidimensionalen Inhalt. Versteht man unter einem Wurzelbereich W eine Teilmenge von W^* mit positivem Inhalt, so besitzt auch die Klasse $\mathfrak{K}^k(W)$ aller Polynome $f(z) \in \mathfrak{K}$, die genau k Nullstellen in W besitzen, einen $2n$-dimensionalen Inhalt $J_{2n}(\mathfrak{K}^k(W))$. Der Quotient

$$\varkappa_k(W) = \frac{J_{2n}(\mathfrak{K}^k(W)}{J_{2n}(\mathfrak{K})}$$

ist die Wahrscheinlichkeit dafür, daß ein Polynom $f(z) \in \mathfrak{K}$ genau k Nullstellen im Wurzelbereich W besitzt.

Zu einer absteigenden Folge (W_m) (für $1 \leqq m < \infty$) von ineinander geschachtelten Wurzelbereichen der Klasse $\mathfrak{K}$, die eine endliche Menge $(\zeta_1, \zeta_2, \dots, \zeta_k)$ als Durchschnitt besitzt, existiert (unabhängig von der Wahl der Folge) der Grenzwert

$$\nu(\zeta_1, \zeta_2, \dots, \zeta_k) = \lim_{m \to \infty} \frac{\varkappa_k(W_m)}{J_2(W_m)^k},$$

das *Wurzelmaß* der Zahlen $(\zeta_1, \zeta_2, \dots, \zeta_k)$ als Maß für die Häufigkeit, mit der diese Zahlen gleichzeitig Nullstellen eines Polynoms $f(z) \in \mathfrak{K}$ sind. Insbesondere existiert das Wurzelmaß $\nu(\zeta)$ jeder Stelle ζ der Ebene.

134) Ann. of Math. (II) **51**, 105—119 (1950). Vgl. auch Proceedings Akad. Wet. Amsterdam **51**, 1146—1154 (1948).

135) *W. Specht*, Math. Nachr. **4**, 126—149 (1950).

Bezeichnet $N(f, W)$ die Anzahl der Nullstellen des Polynoms $f(z) \in \mathfrak{K}$ im Wurzelbereich W, so ist der Quotient

$$N(W) = \frac{\int N(f, W)\, d\alpha}{\int d\alpha}$$

bei Integration über die Klasse $\mathfrak{K}$ die mittlere Nullstellenzahl der Klasse $\mathfrak{K}$ in W. Es besteht die Gleichung

$$N(W) = \int_W \nu(\zeta)\, d\zeta\,.$$

L. Finzel[136]) hat diese Untersuchungen auf das reelle Gebiet übertragen.

Weiterhin muß noch auf Untersuchungen hingewiesen werden, die die Koeffizienten eines reellen Polynoms als Zufallsvariablen deuten und unter gewissen Verteilungsannahmen den Erwartungswert für die Anzahl der reellen Nullstellen (in Abhängigkeit vom Grade n) asymptotisch bestimmen[137]).

D. Die kritischen Punkte eines Polynoms

20. Der Satz von Gauß-Lucas. Jedes komplexe Polynom $f(z)$ vom Grade $n > 0$ vermittelt bekanntlich, als analytische Funktion, eine konforme Abbildung $w = f(z)$ der z-Ebene in die w-Ebene mit Ausnahme der Punkte, die Nullstellen der Ableitung $f'(z)$ sind. Aus diesem Grunde bezeichnet man die Nullstellen der Ableitung $f'(z)$ auch als die *kritischen Punkte* des Polynoms $f(z)$. Es erhebt sich die Frage nach der Lage dieser kritischen Punkte in der Zahlenebene, wenn die Verteilung der Nullstellen von $f(z)$ selbst als bekannt vorausgesetzt wird.

Besitzt $f(z)$ die kanonische Zerfällung

$$f(z) = a_n (z - \zeta_1)^{m_1} (z - \zeta_2)^{m_2} \ldots (z - \zeta_k)^{m_k},$$

so ist jede Nullstelle der Ableitung $f'(z)$, die nicht auch Nullstelle von $f(z)$ ist, Nullstelle der *logarithmischen Ableitung*

$$F(z) = \frac{f'(z)}{f(z)} = \sum_1^k \frac{m_\varkappa}{z - \zeta_\varkappa}.$$

Für jede solche Nullstelle ζ besteht die Gleichung

$$\sum_1^k \frac{m_\varkappa}{|\zeta - \zeta_\varkappa|^2} (\zeta - \zeta_\varkappa) = 0\,;$$

---

136) *L. Finzel*, Math. Nachr. **11**, 85—104 (1954).

137) *M. Kac*, Proceedings London Math. Soc. (II) **50**, 390—408 (1948); *P. Erdös*, *A. C. Offord*, Proc. London Math. Soc. (3) **6**, 139—160 (1956).

hieraus folgt unmittelbar der Satz von *Gauß-Lucas*[138]): *Jeder konvexe Bereich, der alle Nullstellen des Polynoms $f(z)$ enthält, enthält auch die Nullstellen der Ableitung $f'(z)$.*

Der kleinste konvexe Bereich, der alle Nullstellen des Polynoms $f(z)$ enthält, ist der *Pferchbereich* $\mathfrak{P}(f) = \mathfrak{P}(\zeta_1, \zeta_2, \ldots, \zeta_k)$ *des Polynoms* $f(z)$. Besitzt der Pferchbereich $\mathfrak{P}(f)$ auch innere Punkte, so liegen alle Nullstellen der Ableitung $f'(z)$, die nicht Nullstellen von $f(z)$ sind, im Innern von $\mathfrak{P}(f)$.

Eine Anwendung dieses Satzes etwa auf Polynome $f(z)$, die nur reelle Nullstellen besitzen, gibt zahlreiche Beziehungen zwischen den Nullstellen von $f(z)$ und den Nullstellen der Ableitungen[139]). Andere Beziehungen zwischen den Nullstellen $\zeta_1, \zeta_2, \ldots, \zeta_n$ eines komplexen Polynoms vom Grade n und den Nullstellen $\zeta'_1, \zeta'_2, \ldots, \zeta'_{n-1}$ der Ableitung $f'(z)$ haben *N. G. de Bruijn* und *T. A. Springer*[140]) angegeben; z. B. gilt

$$\frac{1}{n-1}\sum_{\mu} |\mathfrak{J}\zeta'_\mu|^p \leqq \frac{1}{n}\sum_{\nu} |\mathfrak{J}\zeta_\nu|^p; \quad \frac{1}{n-1}\sum_{\mu} |\zeta'_\mu|^p \leqq \frac{1}{n}\sum_{\nu} |\zeta_\nu|^p.$$

Ähnliche in der Mechanik endlicher Punktsysteme oder in der Hydrodynamik zweidimensionaler Strömungen[141]) auftretende Fragestellungen führten zur Untersuchung der Nullstellenverteilung für beliebige rationale Funktionen der Gestalt

$$F(z) = \sum_{1}^{n} \frac{m_\nu}{z-\zeta_\nu}$$

mit beliebigen (von Null verschiedenen) reellen Zahlen m_ν und beliebigen, paarweise verschiedenen komplexen Zahlen $\zeta_1, \zeta_2, \ldots, \zeta_n$. Im Falle positiver Werte m_ν gehören sämtliche Nullstellen von $F(z)$ dem Pferchbereich $\mathfrak{P}(\zeta_1, \zeta_2, \ldots, \zeta_n)$ an[142]). Im allgemeinen Falle wird die Lage dieser Nullstellen geometrisch durch den Satz von *van den Berg*[143]) beschrieben:

Die Nullstellen der rationalen Funktion

$$F(z) = \sum_{1}^{n} \frac{m_\nu}{z-\zeta_\nu}$$

138) *F. Lucas*, Journal Ec. polytechn. (1) **46**, 1—33 (1879); Bull. Soc. Math. France **17**, 2—69 (1888).

139) Vgl. *G. v. Sz. Nagy*, Jahresber. DMV. **27**, 37—43 (1918); Mat. teremészett. Ertes. **59**, 79—94 (1940).

140) Proceedings Akad. Wet. Amsterdam **50**, 458—464 (1947).

141) Vgl. *M. Marden*, The geometry of the zeros, Chap. I.

142) *G. v. Sz. Nagy*, Acta Szeged **13**, 169—178 (1950).

143) *J. Siebeck*, Journal reine angew. Math. **64**, 175—182 (1864); *F. J. van den Berg*, Nieuw Arch. Wiskunde **9**, 1—14, 60 (1882); **11**, 153—186 (1884); **15**, 100—164, 190 (1888). Vgl. auch *M. Marden*, Bull. Amer. Math. Soc. **51**, 935—940 (1945). Verallgemeinerungen: *M. Fujiwara*, Tôhoku Math. Journal **9**, 102—108 (1916); *B. Z. Linfield*, Transactions Amer. Math. Soc. **25**, 239—258 (1923).

sind die Brennpunkte der Kurve von der Klasse $n-1$, *die jede der Verbindungsgeraden* $(\zeta_\varkappa, \zeta_\lambda)$ *in dem Punkte berührt, der die Strecke* $\overline{\zeta_\varkappa \zeta_\lambda}$ *im Verhältnis* $m_\varkappa : m_\lambda$ *teilt.*

Unter der Voraussetzung

$$\sum_1^n m_\nu = n > 0\,; \quad \sum_1^n |m_\nu| = n\lambda$$

gehören daher alle Nullstellen von $F(z)$ dem dilatierten Pferchbereich $\lambda\mathfrak{P}(\zeta_1, \zeta_2, \ldots, \zeta_n)$ an.

Aus diesem Gedankenkreis stammen auch Ergebnisse, die man *M. Biernacki*[144]), *J. Dieudonné*[145]) und *G. v. Sz. Nagy*[146]) verdankt: Gehören die Stellen $\zeta_1, \zeta_2, \ldots, \zeta_n$ dem Kreisbereich $|z-z_0| \leqq r$ an, bezeichnen α, β von Null verschiedene komplexe und $m_1, m_2, \ldots, m_n$ positive reelle Zahlen, so gehören wenigstens $n-1$ Nullstellen der rationalen Funktion

$$F(z) = \alpha + \beta \sum_1^n \frac{m_\nu}{z-\zeta_\nu}$$

dem Kreisbereich $|z-z_0| \leqq \sqrt{2}\,r$ an. Die allgemeinste Gestalt dieses Satzes stammt von *M. Marden*[147]): *Es bezeichne*

$$F(z) = P(z) + \sum_1^n \frac{m_\nu}{z-\zeta_\nu}$$

eine rationale Funktion mit einem beliebigen komplexen Polynom $P(z)$ *vom Grade* $p-1$, *beliebigen paarweise verschiedenen Stellen* $\zeta_1, \zeta_2, \ldots, \zeta_n$ *der Ebene und beliebigen, der Beschränkung* $\varphi_0 \leqq \arg m_\nu \leqq \varphi_0 + \delta < \varphi_0 + \pi$ *unterworfenen komplexen Zahlen* $m_1, m_2, \ldots, m_n$. *Bedeutet dann* $\mathfrak{P}$ *den Pferchbereich* $\mathfrak{P} = \mathfrak{P}(\zeta_1, \zeta_2, \ldots, \zeta_n)$, *so besitzt* $F(z)$ *außerhalb des Sternbereiches* $\mathfrak{S}\left(\mathfrak{P}; \frac{\pi-\delta}{p+1}\right)$ *höchstens p Nullstellen.*

Die weitestgehende Verallgemeinerung des Satzes von *Gauß-Lucas* gibt der folgende Satz von *M. Marden*[148]): *Es sei*

$$F(z) = \sum_1^n m_\nu R_\nu(z)$$

eine Linearkombination rationaler Funktionen

$$R_\nu(z) = \frac{(z-\alpha_{\nu 1})(z-\alpha_{\nu 2})\ldots(z-\alpha_{\nu r})}{(z-\beta_{\nu 1})(z-\beta_{\nu 2})\ldots(z-\beta_{\nu s})}$$

---

144) Bull. Acad. Polonaise, série A **1927**, 541—685.

145) Ann. Ec. norm. sup. (3) **54**, 101—150 (1937).

146) *G. v. Sz. Nagy*, Ann. Soc. Polonaise Math. **23**, 224—229 (1950).

147) *M. Marden*, Transactions Amer. Math. Soc. **66**, 407—418 (1949).

148) *G. v. Sz. Nagy*, Acta Szeged **1**, 127—138 (1923); *M. Marden*, Transactions Amer. Math. Soc. **32**, 658—668 (1930).

mit festen Graden r, s und komplexen Koeffizienten m_ν, *deren Argumente einer Beschränkung* $\varphi_0 \leqq \arg m_\nu \leqq \varphi_0 + \delta < \varphi_0 + \pi$ (*für* $1 \leqq \nu \leqq n$) *unterworfen sind. Ist dann* $\mathfrak{P}$ *der Pferchbereich aller Nullstellen* $\alpha_{\nu\varrho}$ *und Pole* $\beta_{\nu\sigma}$ (*für* $1 \leqq \nu \leqq n$; $1 \leqq \varrho \leqq r$; $1 \leqq \sigma \leqq s$), *so gehören alle Nullstellen von* $F(z)$ *dem Sternbereich* $\mathfrak{S}\left(\mathfrak{P}; \frac{\pi-\delta}{r+s}\right)$ *an.* Dieser Bereich kann nach *M. Marden* allgemein nicht durch einen kleineren Bereich ersetzt werden.

Die Allgemeinheit dieses Satzes erlaubt zahlreiche Anwendungen, von denen wir nur einige besonders charakteristische Beispiele herausgreifen:

Liegen sämtliche Stellen, an denen ein Polynom $f(z)$ vom Grade n einen der Werte $A_1, A_2, \ldots, A_r$ annimmt, in dem konvexen Bereich $\mathfrak{K}$ der Ebene, so liegen alle Stellen, an denen $f(z)$ den Mittelwert

$$A = \sum_1^r m_\varrho A_\varrho \Big/ \sum_1^r m_\varrho$$

annimmt, bei beliebigen komplexen Werten m_ϱ, die der Beschränkung $\varphi_0 \leqq \arg m_\varrho \leqq \varphi_0 + \delta < \varphi_0 + \pi$ unterworfen sind, in dem Sternbereich $\mathfrak{S}\left(\mathfrak{K}; \frac{\pi-\delta}{n}\right)$[149].

Es seien $f(z)$ ein Polynom vom Grade n und $h_\varrho(z)$ (für $1 \leqq \varrho \leqq r$) Polynome höchstens vom Grade $n-1$, ferner m_ϱ komplexe Zahlen, die der Beschränkung $\varphi_0 \leqq \arg m_\varrho \leqq \varphi_0 + \delta < \varphi_0 + \pi$ unterliegen. Gehören alle Wurzeln aller Gleichungen $f(z) = h_\varrho(z)$ dem konvexen Bereich $\mathfrak{K}$ an, so liegen alle Wurzeln der Gleichung

$$f(z) \sum_1^r m_\varrho = \sum_1^r m_\varrho h_\varrho(z)$$

im Sternbereich $\mathfrak{S}\left(\mathfrak{K}; \frac{\pi-\delta}{n}\right)$[150].

Als Sonderfall ergibt sich hier der Satz von *R. Jentzsch*[151]: *Gehören alle A-Stellen und B-Stellen eines komplexen Polynoms* $f(z)$ *dem konvexen Bereich* $\mathfrak{K}$ *an, so liegen für jeden Wert C der Strecke* $\overline{AB}$ *auch alle C-Stellen von* $f(z)$ *in* $\mathfrak{K}$.

Bezeichnet $\mathfrak{P} = \mathfrak{P}(f)$ den Pferchbereich des komplexen Polynoms $f(z)$ vom Grade n, so liegen alle Nullstellen der m-ten Ableitung $F^{(m)}(z)$ der Reziproken $F(z) = \frac{1}{f(z)}$ im Sternbereich $\mathfrak{S}\left(\mathfrak{P}; \frac{\pi}{m}\right)$[152].

149) *M. Marden*, Bull. Amer. Math. Soc. **38**, 434—441 (1932); **39**, 750—754 (1933).

150) Vgl. ferner *M. Fekete*, Jahresber. DMV. **31**, 42—48 (1922); **32**, 299—306 (1924); **34**, 220—233 (1926); Acta Szeged **1**, 98—100 (1923); Math. Zeitschr. **22**, 1—7 (1928). *G. v. Sz. Nagy*, Jahresber. DMV. **32**, 307—309 (1924).

151) Arch. Math. Phys. **25**, 96 (1917) (Aufgabe); *M. Fekete*, Jahresber. DMV. **31**, 42—48 (1922).

152) *N. Obreschkoff*, Comptes Rendus Acad. Bulgare **1**, 5—8 (1948). Vgl. auch *M. Marden*, Duke Math. Journal **16**, 91—97 (1949).

Weitere Anwendungen des allgemeinen Satzes finden sich noch bei *M. Marden*[153]).

Ähnliche Untersuchungen[154]) liegen vor für Polynome der Gestalt $g(z) = f(z+h) - \lambda f(z-h)$ mit komplexen Werten λ, h. Jeder Vertikalstreifen $\alpha_0 \leqq \Re z \leqq \alpha_1$ der Ebene, dem die Nullstellen der Ableitung $f'(z)$ eines Polynoms $f(z)$ angehören, enthält übrigens auch bei beliebigem reellem h alle Nullstellen des Differenzenquotienten[155])

$$\varphi(z, h) = \frac{1}{2h}\left(f(z+h) - f(z-h)\right).$$

Der Satz von *Gauß-Lucas* läßt Verfeinerungen zu unter einschränkenden Voraussetzungen über die Lage der Nullstellen des Polynoms $f(z)$. So liegen nach dem Satz von *Rolle* die Nullstellen der Ableitung $f'(z)$ eines reellen Polynoms $f(z)$, dessen Nullstellen einem Intervall der reellen Zahlengeraden angehören, gleichfalls in diesem Intervall. Zur Behandlung der gleichen Frage bei beliebigen reellen Polynomen ordnet man jedem Paar konjugierter imaginärer Zahlen $\zeta, \overline{\zeta}$ den *Jensenschen Kreis*

$$E_1(\zeta, \overline{\zeta}) = \{|z - \Re\zeta| = |\Im\zeta|\},$$

allgemeiner für eine beliebige natürliche Zahl m die m-te *Jensensche Ellipse*

$$E_m(\zeta, \overline{\zeta}) = \{(\Re(z-\zeta))^2 + m(\Im z)^2 = m(\Im\zeta)^2\}$$

zu, die die Strecke $\overline{\zeta\overline{\zeta}}$ zum Durchmesser besitzt. Die $(m+1)$-te *Jensensche* Ellipse $E_{m+1}(\zeta, \overline{\zeta})$ ist die Einhüllende aller Kreise, deren Durchmesser die vertikalen Sehnen der m-ten *Jensen*schen Ellipse $E_m(\zeta, \overline{\zeta})$ sind. Unter den m-ten *Jensen*schen Ellipsen eines reellen Polynoms $f(z)$ versteht man dann die m-ten *Jensen*schen Ellipsen $E_m(\zeta, \overline{\zeta})$ aller nichtreellen Nullstellenpaare $\zeta, \overline{\zeta}$ von $f(z)$.

Unter diesen Bezeichnungen gilt der Satz von *Jensen*[156]): *Die nichtreellen Nullstellen der Ableitung $f'(z)$ eines reellen Polynoms $f(z)$ gehören dem Innern oder dem Rande eines Jensenschen Kreises von $f(z)$ an.*

---

153) *M. Marden*, Duke Math. Journal **16**, 91—97 (1949).

154) *N. Obreschkoff*, Tôhoku Math. Journal **38**, 93—100 (1933); *G. v. Sz. Nagy*, Tôhoku Math. Journal **41**, 415—423 (1936); *L. Kuipers*, Proceedings Akad. Wet. Amsterdam **53**, 482—486 (1950); Simon Stevin **28**, 193—198 (1954); **31**, 61—72 (1957).

155) *L. Weisner*, Tôhoku Math. Journal **44**, 175—177 (1937).

156) *J. L. W. Jensen*, Acta Math. **36**, 181—185 (1913); *J. L. Walsh*, Ann. of Math. **22**, 128—144 (1920); *G. v. Sz. Nagy*, Jahresber. DMV. **31**, 238—251 (1922). Weitere Verallgemeinerung: *J. L. Walsh*, Amer. Math. Monthly **62**, 91—93 (1955).

Eine genauere Aussage verdankt man *J. L. Walsh*[157]): Es sei J ein abgeschlossenes Intervall der reellen Zahlengeraden, dessen Randpunkte weder Nullstellen des reellen Polynoms $f(z)$ sind noch dem Innern oder dem Rande eines *Jensen*schen Kreises von $f(z)$ angehören; es sei $\mathfrak{K}$ das abgeschlossene Gebiet der Ebene, das außer dem Intervall J das Innere jeden *Jensen*schen Kreises von $f(z)$ enthält, der das Intervall J schneidet. Gehören dann genau k Nullstellen von $f(z)$ dem Gebiet $\mathfrak{K}$ an, so liegen mindestens $k-1$ und höchstens $k+1$ Nullstellen der Ableitung $f'(z)$ im Gebiet $\mathfrak{K}$.

Auf einfachem induktivem Wege erhält man aus dem Satz von *Jensen* die Verallgemeinerung[158]): Es sei $f(z)$ ein beliebiges reelles Polynom vom Grade n und $g(z) = \sum_{\mu} b_\mu z^\mu$ ein reelles Polynom vom Grade m mit lauter reellen Nullstellen. Dann liegen die nichtreellen Nullstellen des Polynoms

$$F_m(z) = b_0 f(z) + b_1 f'(z) + \ldots + b_m f^{(m)}(z)$$

im Innern oder auf dem Rande der m-ten *Jensen*schen Ellipsen von $f(z)$. Hat $f(z)$ nur reelle Nullstellen, so sind auch alle Nullstellen von $F_m(z)$ reell.

21. Der Satz von Laguerre. Der Satz von *Gauß-Lucas* ist offensichtlich gleichwertig mit der folgenden Aussage: Jeder Kreisbereich, dem alle Nullstellen des komplexen Polynoms $f(z)$, aber nicht der unendlich ferne Punkt $z = \infty$ angehören, enthält auch alle Nullstellen der Ableitung $f'(z)$. Liegt auf einer Geraden g eine Nullstelle ζ' der Ableitung $f'(z)$, die nicht zugleich Nullstelle des Polynoms $f(z)$ ist, so enthält jede der beiden, durch g berandeten, offenen Halbebenen wenigstens eine Nullstelle von $f(z)$, oder es liegen sämtliche Nullstellen von $f(z)$ auf der Geraden g.

Eine lineare Abbildung der Ebene auf sich, die den unendlich fernen Punkt in den Punkt α überführt, läßt hieraus den Satz von *E. Laguerre* entstehen[159]):

Liegen die Nullstellen des komplexen Polynoms $f(z)$ vom Grade n sämtlich in einem Kreisbereich $\mathfrak{C}$, der den Punkt α nicht enthält, so liegt jede Nullstelle ζ_0 des Polynoms

$$f_1(z;\alpha) = nf(z) - (z-\alpha)f'(z)$$

im Kreisbereich $\mathfrak{C}$. Ist ζ_0 nicht auch Nullstelle von $f(z)$, so liegt im Äußern und im Innern jedes durch ζ_0 und α gehenden Kreises wenigstens eine Nullstelle von $f(z)$, oder es liegen sämtliche Nullstellen von $f(z)$ auf diesem Kreise.

157) Ann. of Math. **22**, 128—144 (1920).

158) *J. L. W. Jensen*, Acta Math. **36**, 181—185 (1913); *G. v. Sz. Nagy*, Jahresber. DMV. **31**, 238—251 (1922).

159) Nouv. Ann. Math. (2) **17**, 20—26; 97—101 (1878).

Man bezeichnet das Polynom $f_1(z;\alpha)$ als die *Ableitung von $f(z)$ nach dem Aufpunkt*[160]) oder als die *Polare von $f(z)$ nach dem Pol* α[161]); seine Nullstellen sind α, falls α Nullstelle von $f(z)$ ist, die mehrfachen Nullstellen von $f(z)$ und die Nullstellen der rationalen Funktion

$$\frac{f_1(z)}{(z-\alpha)f(z)} = \frac{n}{z-\alpha} - \sum_1^n \frac{1}{z-\zeta_\nu},$$

wenn $\zeta_1, \zeta_2, \ldots, \zeta_n$ die Nullstellen des Polynoms $f(z)$ sind.

Eine beliebige Folge von Aufpunkten $\alpha_1, \alpha_2, \ldots, \alpha_n$ führt mit $f_0(z) = f(z)$ auf die Folge der iterierten Polaren (für $1 \leqq k \leqq n$):

$$f_k(z) = f_k(z; \alpha_1, \alpha_2, \ldots, \alpha_k) = (n-k+1)f_{k-1}(z) - (z-\alpha_k)f'_{k-1}(z).$$

Nach dem Satze von *E. Laguerre* enthält jeder Kreisbereich $\mathfrak{C}$, dem alle Nullstellen von $f(z)$, aber nicht die Aufpunkte $\alpha_1, \alpha_2, \ldots, \alpha_n$ angehören, auch sämtliche Nullstellen aller Polaren $f_k(z)$.

Dem Satze von *E. Laguerre* läßt sich folgende Gestalt geben: Es sei $f(z)$ ein komplexes Polynom vom Grade n und $f(\xi)f'(\xi)$ an einer Stelle ξ von Null verschieden. Dann liegt im Innern oder am Rande jedes Kreises durch die Punkte ξ und $\xi - n\frac{f(\xi)}{f'(\xi)}$ mindestens eine Nullstelle von $f(z)$. Liegen nicht alle Nullstellen von $f(z)$ auf dem Rande dieses Kreises, so gehören auch dem Äußern des Kreises Nullstellen von $f(z)$ an.

Diese Aussage hat *G. v. Sz. Nagy*[162]) weiter verallgemeinert und folgendes Ergebnis erhalten: Es sei $f(z)$ ein komplexes Polynom vom Grade n und $f(\xi)f'(\xi)$ an einer Stelle ξ von Null verschieden. Enthält die den Punkt $\xi - \frac{f(\xi)}{f'(\xi)}$ enthaltende, von einer Geraden g durch ξ berandete Halbebene höchstens p Nullstellen von $f(z)$ in ihrem Innern, so liegt mindestens eine Nullstelle von $f(z)$ im Innern oder auf dem Rande des Kreises, der durch ξ und $\xi - p\frac{f(\xi)}{f'(\xi)}$ geht und die Gerade g im Punkte ξ berührt. Ist p die genaue Nullstellenzahl von $f(z)$ im Innern der Halbebene, so hat $f(z)$ p Nullstellen auf dem Rande des Kreises und $n-p$ Nullstellen auf der Geraden g.

Hieraus folgt: Ist ξ eine Stelle des Pferchbereiches $\mathfrak{P}(f)$ und ist $f(\xi)f'(\xi) \neq 0$, so hat $f(z)$ im Innern oder am Rande jeden Kreises durch ξ und $\xi - (n-1)\frac{f(\xi)}{f'(\xi)}$ mindestens eine Nullstelle.

---

160) *G. Pólya* und *G. Szegö*, Aufgaben und Lehrsätze aus der Analysis, Bd. II, Kap. V, 2. Berlin 1925.

161) *M. Marden*, The geometry of the zeros, Chap. III, § 13.

162) *G. v. Sz. Nagy*, Journal reine angew. Math. **169**, 186—192 (1933).

Ähnliche Sätze lassen sich gewinnen, wenn man höhere Ableitungen heranzieht und Sinusspiralen als Randkurven verwendet. Als *Sinusspirale vom Index q* bezeichnet man die Kurve mit der Gleichung $r^q = a^q \cos q\varphi$ in Polarkoordinaten, die aus q kongruenten, im Nullpunkt zusammenhängenden Ovalen besteht.

Ist $f(z)$ ein komplexes Polynom vom Grade n und ξ eine Stelle, für die $f(\xi)$ und

$$F(\xi) = -\frac{1}{(q-1)!}\left[\frac{f'(\xi)}{f(\xi)}\right]^{(q-1)}$$

von Null verschieden sind, so liegt mindestens eine Nullstelle von $f(z)$ im Innern oder am Rande der q Ovale der Sinusspirale vom Index q, die ξ zum Mittelpunkt hat und durch die q Punkte

$$\xi_k = \exp\left(\frac{2k\pi}{q}i\right)\left[\frac{n}{F(\xi)}\right]^{\frac{1}{q}} \qquad (0 \leqq k \leqq q-1)$$

geht. Liegen nicht alle Nullstellen von $f(z)$ auf dem Rande der Kurve, so hat $f(z)$ innerhalb und außerhalb der Ovale Nullstellen.

Ergänzungen zum Satze von *E. Laguerre* stellen die nachfolgenden Ergebnisse von *R. Ballieu*[163]) dar: Gehören sämtliche Nullstellen eines komplexen Polynoms $f(z)$ vom Grade n dem Kreisbereich $|z-\alpha| \leqq R$ an, so gehören die Nullstellen des (mit einer reellen, von n verschiedenen Zahl m gebildeten) Polynoms

$$g(z) = m f(z) - (z-\alpha) f'(z)$$

vom Grade n dem Kreisbereich

$$|z-\alpha| \leqq R, \text{ falls } m \leqq \frac{n}{2} \quad \text{bzw.} \quad |z-\alpha| \leqq \frac{m}{|m-n|} R, \text{ falls } m > \frac{n}{2},$$

an. Gehören genau p Nullstellen von $f(z)$ dem Kreisbereich $|z-\alpha| \leqq R_0$ und $n-p$ Nullstellen dem Kreisgebiet $|z-\alpha| > \frac{n+p}{n-p} R_0 = R_1$ an, so gehören p Nullstellen der Polaren

$$f_1(z;\alpha) = n f(z) - (z-\alpha) f'(z)$$

dem Kreisbereich $|z| \leqq R_1$, die restlichen Nullstellen dem Kreisgebiet $|z-\alpha| > R_1$ an.

22. Der Satz von Rolle. Nimmt eine im Intervall $\alpha \leqq z \leqq \beta$ differenzierbare reelle Funktion $\varphi(z)$ in den Randpunkten den gleichen Wert $\varphi(\alpha) = \varphi(\beta)$ an, so besitzt die Ableitung $\varphi'(z)$ im offenen Intervall

163) Mém. Soc. Roy. Sci. Liège (IV) **1**, 85—181 (1936).

$\alpha < z < \beta$ wenigstens eine Nullstelle. Dieser wohlbekannte und anwendungsreiche Satz von *Rolle* hat in der analytischen Theorie der Polynome zahlreiche Verfeinerungen und Verallgemeinerungen erfahren.

Ein reelles Polynom $f(z)$ vom Grade n besitze die reellen Nullstellen $\zeta_0 < \zeta_1$ mit den Vielfachheiten m_0 bzw. m_1, im Intervall $\zeta_0 < z < \zeta_1$ keine Nullstelle, auf den Halbgeraden $-\infty < z < \zeta_0$ bzw. $\zeta_1 < z < \infty$ dagegen s_0 bzw. s_1 Nullstellen; man setze

$$\alpha_0 = \zeta_0 + \frac{m_0(\zeta_1 - \zeta_0)}{n - s_0} \quad \text{und} \quad \alpha_1 = \zeta_1 - \frac{m_1(\zeta_1 - \zeta_0)}{n - s_1}$$

und bezeichne mit $\mathfrak{K}_0$ und $\mathfrak{K}_1$ die Kreisgebiete, die die Strecken $\overline{\zeta_0\alpha_0}$ bzw. $\overline{\alpha_1\zeta_1}$ zum Durchmesser haben. Dann besitzt die Ableitung $f'(z)$ wenigstens eine Nullstelle in den Intervallen

$$\zeta_0 < z \leqq \alpha_1 \text{ bzw. } \alpha_0 \leqq z < \zeta_1 \text{ bzw. } \alpha_0 \leqq z \leqq \alpha_1,$$

falls die Gebiete $\mathfrak{K}_0$ bzw. $\mathfrak{K}_1$ bzw. $\mathfrak{K}_0 \cup \mathfrak{K}_1$ keine Nullstelle des Polynoms $f(z)$ enthalten[164]).

Besitzt das reelle Polynom $f(z)$ vom Grade n die reellen Nullstellen $\zeta_0 < \zeta_1$ mit den Vielfachheiten m_0 bzw. m_1, im Kreisgebiet mit dem Durchmesser $\overline{\zeta_0\zeta_1}$ keine Nullstelle, dagegen in den Halbebenen $\Re z > \zeta_0$ und $\Re z < \zeta_1$ genau s_1 bzw. s_0 Nullstellen, so besitzt die Ableitung $f'(z)$ keine Nullstellen in den Intervallen

$$\zeta_0 < z < \frac{s_0\zeta_0 + m_0\zeta_1}{s_0 + m_0} \quad \text{und} \quad \frac{s_1\zeta_1 + m_1\zeta_0}{s_1 + m_1} < z < \zeta_1,$$

also wenigstens eine Nullstelle im Intervalle

$$\zeta_0 + \frac{m_0(\zeta_1 - \zeta_0)}{m_0 + s_0} \leqq z \leqq \zeta_1 - \frac{m_1(\zeta_1 - \zeta_0)}{m_1 + s_1} \text{ }^{165)}.$$

Eingehendere Untersuchungen über die Lagebeziehungen zwischen den Nullstellen eines reellen Polynoms $f(z)$ und seiner Ableitungen $f^{(k)}(z)$ liegen vor allem für den Sonderfall vor, daß $f(z)$ (mit seinen Ableitungen) lauter reelle Nullstellen besitzt[166]).

Ein Versuch, den Satz von *Rolle* (für Polynome) auf das Komplexe zu übertragen, nötigt zu einer Abänderung der Fragestellung und führt demgemäß zu folgendem allgemeinem Problem:

164) *N. Obreschkoff*, Arch. Math. **5**, 506—509 (1954). Vgl. auch *L. Tschakaloff*, Comptes Rendus Acad. Paris **202**, 1635—1637 (1936).

165) *G. v. Sz. Nagy*, Acta Szeged **8**, 42—52 (1936).

166) Vgl. etwa: *G. v. Sz. Nagy*, Jahresber. DMV. **27**, 37—43; 44—48 (1918); Mat. természett. Ertes. **59**, 79—94 (1940); Acta Math. Sci. Hungar. **1**, 225—228 (1950). *T. Popoviciu*, Ann. Sci. Univ. Jassy **30**, 191—218 (1948).

Zu einem Gebiet $\mathfrak{G}$ der Zahlenebene, dem etwa p Nullstellen eines komplexen Polynoms $f(z)$ vom Grade n angehören, ist ein (möglichst günstiges, mit $\mathfrak{G}$ in Beziehung stehendes) Gebiet $\mathfrak{G}'$ anzugeben, dem wenigstens $p-1$ Nullstellen der Ableitung $f'(z)$ angehören.

In den Gedankenkreis um dieses Problem gehört der Satz von *Grace-Heawood*[167]): *Besitzt das Polynom $f(z)$ vom Grade n die (voneinander verschiedenen) Nullstellen ζ_1, ζ_2, so liegt mindestens eine Nullstelle der Ableitung $f'(z)$ im Kreisbereich*

$$\left| z - \frac{\zeta_1+\zeta_2}{2} \right| \leqq \frac{1}{2} |\zeta_1 - \zeta_2| \operatorname{ctg} \frac{\pi}{n}.$$

Der einfachste Beweis dieser Aussage stützt sich auf den Satz von *Grace* (vgl. **24**); daß der angegebene Radius optimal ist, zeigt das Beispiel

$$f(z) = \left(z + i \operatorname{ctg} \frac{\pi}{n}\right)^n - \left(-1 + i \operatorname{ctg} \frac{\pi}{n}\right)^n$$

für die Nullstellen ± 1 und die einzige Nullstelle der Ableitung.

Nach *M. Fekete*[168]) liegt unter gleichen Voraussetzungen wenigstens eine (von ζ_1 und ζ_2 verschiedene) Nullstelle der Ableitung $f'(z)$ in dem zur Strecke $\overline{\zeta_1\zeta_2}$ gehörigen abgeschlossenen Kreisbogenzweieck $\mathfrak{S}\left(\overline{\zeta_1\zeta_2}; \frac{\pi}{n-1}\right)$. Besitzen ζ_1, ζ_2 die Vielfachheiten m_1, m_2, so liegt wenigstens eine (von ζ_1, ζ_2 verschiedene) Nullstelle der Ableitung $f'(z)$ im Kreisbogenzweieck $\mathfrak{S}\left(\overline{\zeta_1\zeta_2}; \frac{\pi}{q}\right)$ mit $q = n + 1 - m_1 - m_2$, also gewiß im Kreisbereich[169])

$$\left| z - \frac{\zeta_1+\zeta_2}{2} \right| \leqq \frac{1}{2} |\zeta_1 - \zeta_2| \operatorname{ctg} \frac{\pi}{2q}.$$

Durch Variation der Nullstellen ζ_1, ζ_2 in einem Kreisbereich gewinnt man hieraus einen Satz von *M. Marden*[170]): Besitzt das Polynom $f(z)$ vom Grade n in einem Kreisbereich mit dem Radius R zwei verschiedene Nullstellen ζ_1, ζ_2 mit den Vielfachheiten m_1, m_2, so enthält der konzentrische Kreisbereich mit dem Radius $R \operatorname{cosec} \frac{\pi}{2q}$ (für $q = n + 1 - m_1 - m_2$) wenigstens eine von ζ_1, ζ_2 verschiedene Nullstelle der Ableitung $f'(z)$.

Man verdankt *M. Marden*[170]) ferner den allgemeinen Satz: *Gehören p Nullstellen des komplexen Polynoms $f(z)$ vom Grade n dem konvexen*

167) *J. H. Grace*, Proceedings Cambridge Phil. Soc. **11**, 352—367 (1902); *P. J. Heawood*, Quart. Journal Math. **38**, 84—107 (1907).

168) Math. Zeitschr. **22**, 1—7 (1925).

169) *M. Marden*, Transactions Amer. Math. Soc. **45**, 355—368 (1939). Vgl. auch *J. W. Alexander*, Ann. of Math. **17**, 12—22 (1915); *S. Kakeya*, Tôhoku math. Journal **11**, 5—16 (1917); *G. Szegö*, Math. Zeitschr. **13**, 28—55 (1922).

170) Transactions Amer. Math. Soc. **45**, 355—368 (1939).

Bereich $\mathfrak{K}$ *der Zahlenebene an, so enthält der Sternbereich* $\mathfrak{S}\left(\mathfrak{K}; \frac{\pi}{q}\right)$ *(mit* $q = n - p + 1$*) mindestens* $p - 1$ *Nullstellen der Ableitung* $f'(z)$.

S. Kakeya[171]) hat allgemein die Frage nach der optimalen (positiven) Konstanten $\varphi(n, p)$ (für $2 \leqq p \leqq n$) mit folgender Eigenschaft aufgeworfen: Enthält ein Kreisbereich mit dem Radius R p Nullstellen eines komplexen Polynoms $f(z)$ vom Grade n, so enthält der konzentrische Kreisbereich mit dem Radius $R' = R\varphi(n, p)$ mindestens $p - 1$ Nullstellen der Ableitung $f'(z)$; ferner hat er die Existenz dieser Konstanten nachgewiesen und im Falle $p = 2$ den genauen Wert $\varphi(n, 2) = \operatorname{cosec} \frac{\pi}{n}$ erhalten. Im allgemeinen Falle sind bisher jedoch nur Abschätzungen dieser Konstanten bekannt. Nach *M. Marden*[170]) gilt

$$\varphi(n, p) \leqq \operatorname{cosec} \frac{\pi}{2(n-p+1)}$$

$$\sqrt{2 - \frac{p}{n}} \leqq \varphi(n, p) \qquad \text{für } p \equiv 0 \pmod 2,$$

nach *M. Biernacki*[172])

$$\varphi(n, p) \leqq \prod_{\lambda=1}^{n-p} \frac{n+\lambda}{n-\lambda}$$

und insbesondere[173])

$$\varphi(n, n-1) \leqq \sqrt{\frac{n+1}{n}}.$$

23. Die kritischen Punkte einer rationalen Funktion. Der Satz von *Gauß-Lucas* läßt sich auch in dem Falle verfeinern, daß eine Faktorzerlegung des Polynoms vorausgesetzt wird. Es besteht nämlich der folgende *Zweikreisesatz von J. L. Walsh*[174]):

Gehören die Nullstellen zweier komplexer Polynome $f_1(z)$, $f_2(z)$ vom Grade n_1 bzw. n_2 den Kreisbereichen $\mathfrak{C}_1$ bzw. $\mathfrak{C}_2$ an, so gehören die Nullstellen der Ableitung

$$f'(z) = f_1(z) f_2'(z) + f_1'(z) f_2(z)$$

des Produktes $f(z) = f_1(z) f_2(z)$ dem Kreisbereich $\mathfrak{C}_1$ (nur falls $n_1 > 1$), dem Kreisbereich $\mathfrak{C}_2$ (nur falls $n_2 > 1$) oder dem Kreisbereich

$$\mathfrak{C} = \frac{n_2 \mathfrak{C}_2 + n_2 \mathfrak{C}_1}{n_1 + n_2}$$

an. Sind die Kreisbereiche $\mathfrak{C}_1, \mathfrak{C}_2, \mathfrak{C}$ paarweise fremd, so gehören den

171) Tôhoku Math. Journal **11**, 5—16 (1917).
172) Bull. Soc. Math. France (2) **69**, 197—203 (1945).
173) Bull. Acad. Polonaise, Série A **1927**, 541—685.
174) Comptes Rendus Acad. Paris **172**, 662—664 (1921).

Kreisbereichen $\mathfrak{C}_1, \mathfrak{C}_2$ genau $n_1 - 1$ bzw. $n_2 - 1$ Nullstellen, dem Kreisbereich $\mathfrak{C}$ genau eine Nullstelle von $f(z)$ an.

Das sich auf den Satz von *Grace* (vgl. **24**) stützende einfache Beweisprinzip kann auch für die folgende allgemeinere Aussage verwendet werden:

Die komplexen Zahlen $\xi_1, \xi_2, \ldots, \xi_{p_1}$ bzw. $\eta_1, \eta_2, \ldots, \eta_{p_2}$ mögen den Kreisbereichen $\mathfrak{C}_1$ bzw. $\mathfrak{C}_2$ angehören, die positiven Zahlen $r_1, r_2, \ldots, r_{p_1}$ bzw. $s_1, s_2, \ldots, s_{p_2}$ die Summen n_1 bzw. n_2 mit $n_1 + n_2 = 1$ besitzen. Dann gehören die Nullstellen der Funktion

$$F(z) = \sum_{\varkappa} \frac{r_\varkappa}{z - \zeta_\varkappa} + \sum_{\lambda} \frac{s_\lambda}{z - \eta_\lambda}$$

den Kreisbereichen $\mathfrak{C}_1, \mathfrak{C}_2$ oder dem Kreisbereich $\mathfrak{C} = n_2\mathfrak{C}_1 + n_1\mathfrak{C}_2$ an[175]).

Als Anwendung dieses Satzes erhält man noch einen *Mittelwertsatz von G. Pólya und G. Szegö*[176]):

Das Kreisgebiet $\mathfrak{A}$ enthalte alle A-Stellen, das Kreisgebiet $\mathfrak{B}$ alle B-Stellen eines komplexen Polynoms $f(z)$. Dann enthalten für einen beliebigen Wert $0 < \vartheta < 1$ die Kreisbereiche $\mathfrak{A}, \mathfrak{B}$ und $\mathfrak{C} = \vartheta\mathfrak{A} + (1 - \vartheta)\mathfrak{B}$ alle $(\vartheta A + (1 - \vartheta)B)$-Stellen des Polynoms $f(z)$.

Das gleiche Prinzip kann für den Beweis des *Zweikreisesatzes einer rationalen Funktion* verwendet werden[177]):

Die Nullstellen komplexer Polynome $f_1(z), f_2(z)$ verschiedenen Grades $n_1 \neq n_2$ mögen den Kreisbereichen $\mathfrak{C}_1 = \{|z - c_1| \leqq r_1\}$ bzw. $\mathfrak{C}_2 = \{|z - c_2| \leqq r_2\}$ angehören. Dann liegen die Nullstellen der Ableitung $R'(z)$ der rationalen Funktion

$$R(z) = \frac{f_1(z)}{f_2(z)}$$

in den Kreisbereichen $\mathfrak{C}_1, \mathfrak{C}_2$ oder in dem Kreisbereich

$$\mathfrak{C} = \left\{ \left| z - \frac{n_2 c_1 - n_1 c_2}{n_2 - n_1} \right| \leqq \frac{n_2 r_1 + n_1 r_2}{|n_2 - n_1|} \right\}.$$

Sind die Kreisbereiche $\mathfrak{C}_1, \mathfrak{C}_2, \mathfrak{C}$ paarweise fremd, so enthalten $\mathfrak{C}_1, \mathfrak{C}_2$ genau $n_1 - 1$ bzw. $n_2 - 1$, der Kreisbereich $\mathfrak{C}$ genau eine Nullstelle von $R'(z)$. Sind im Falle $n_1 = n_2$ die Kreisbereiche $\mathfrak{C}_1, \mathfrak{C}_2$ fremd zueinander, so enthalten $\mathfrak{C}_1, \mathfrak{C}_2$ alle Nullstellen der Ableitung $R'(z)$.

---

175) Weitere Einzelheiten: *J. L. Walsh*, Transactions Amer. Math. Soc. **22**, 101—116 (1921); **24**, 163—180 (1922). Bull. Amer. Math. Soc. **54**, 942—945 (1948).

176) Aufgaben und Lehrsätze aus der Analysis, Bd. II. Berlin 1925.

177) *J. L. Walsh*, Transactions Amer. Math. Soc. **22**, 101—116 (1921); vgl. auch *M. Bôcher*, Proceedings Acad. Sci. USA **40**, 469—484 (1904).

Das allgemeinste Ergebnis in diesem Gedankenkreis verdankt man *M. Marden*[178]:

Es seien $f_\varkappa(z)$ (für $0 \leqq \varkappa \leqq k$) komplexe Polynome der Grade $n_\varkappa$, deren Nullstellen bezüglich Kreisbereichen $\mathfrak{C}_\varkappa$ angehören. Dann gehört jede (endliche) Nullstelle der Ableitung $R'(z)$ der rationalen Funktion

$$R(z) = \frac{f_0(z)\, f_1(z) \ldots f_p(z)}{f_{p+1}(z)\, f_{p+2}(z) \ldots f_k(z)} \qquad (0 \leqq p \leqq k)$$

entweder den Kreisbereichen $\mathfrak{C}_\varkappa$ oder einem Bereich $\mathfrak{B}$ an, der von einer genau angebbaren (möglicherweise auch zerfallenden) k-zirkularen algebraischen Kurve $2k$-ter Ordnung berandet wird.

Aus den zahlreichen Folgerungen soll noch erwähnt werden[179]: Die Nullstellen der komplexen Polynome $f_\nu(z)$ (für $\nu = 1, 2, 3$) der Grade n_ν (mit $n_1 + n_2 = n_3$) mögen bezüglich paarweise fremden Kreisbereichen $\mathfrak{C}_\nu$ angehören. Dann liegt jede endliche Nullstelle der Ableitung $R'(z)$ der rationalen Funktion

$$R(z) = \frac{f_1(z)\, f_2(z)}{f_3(z)}$$

in den Kreisbereichen $\mathfrak{C}_1, \mathfrak{C}_2, \mathfrak{C}_3$ oder in dem Kreisbereich $\mathfrak{C}$ aller der Punkte ζ, die mit Punkten $\zeta_\nu \in \mathfrak{C}_\nu$ das Doppelverhältnis

$$\frac{(\zeta - \zeta_2)(\zeta_3 - \zeta_1)}{(\zeta - \zeta_1)(\zeta_3 - \zeta_2)} = -\frac{n_2}{n_1}$$

besitzen.

Das allgemeinste Problem im Gedankenkreis dieses Abschnittes hat *J. Dieudonné* in folgender Weise formuliert: Eine komplexe rationale Funktion

$$R(z) = \frac{f(z)}{g(z)}$$

mit teilerfremden Zähler $f(z)$ (höchstens vom Grade $n + m - 1$) und Nenner $g(z)$ (höchstens vom Grade n) ist vom Typus (n, m); es ist dann

$$\Phi(R, m) = [g(z)]^{m+1} \frac{d^m R(z)}{dz^m}$$

ein komplexes Polynom. Sind nun $\mathfrak{F}, \mathfrak{G}$ zwei echte Teilbereiche der Zahlenebene, so bedeute $C(p, q; \mathfrak{F}, \mathfrak{G})$ die Klasse aller rationalen Funktionen $R(z)$ vom Typus (n, m), die vorgegebene Anzahlen $p \leqq n + m - 1$ von Nullstellen in $\mathfrak{F}$ und $q \leqq n$ von Polen in $\mathfrak{G}$ besitzen. Im Falle $p = 0$

178) Transactions Amer. Math. Soc. **32**, 81—109 (1930); Bull. Amer. Math. Soc. **42**, 400—405 (1936).

179) Vgl. *J. L. Walsh*, Transactions Amer. Math. Soc. **19**, 291—298 (1918); **22**, 101—116 (1921); **24**, 31—69 (1922); Tôhoku Math. Journal **23**, 312—317 (1924); Bull. Amer. Math. Soc. **30**, 51—62 (1924).

bzw. $q = 0$ mag $\mathfrak{F}$ bzw. $\mathfrak{G}$ beliebig gewählt werden. Die Aufgabe ist dann die Bestimmung der größten ganzen Zahl $\varrho = \varrho(p, q; \mathfrak{F}, \mathfrak{G})$, zu der ein echter Teilbereich $\mathfrak{E}_\varrho$ der Ebene existiert, der mindestens ϱ Nullstellen eines jeden Polynoms $\Phi(R, m)$ mit $R(z) \in C(p, q; \mathfrak{F}, \mathfrak{G})$ enthält. An die Lösung dieser Aufgabe schließt sich die weitere Aufgabe an, minimale Bereiche $\mathfrak{E}_r$ mit der gleichen Eigenschaft für jedes $r \leqq \varrho$ anzugeben.

Die Lösung dieses Problems ist bisher nur in Sonderfällen gelungen[180]).

E. Kompositionssätze

24. Der Satz von Grace. Eine der fundamentalen und in ihren Anwendungsmöglichkeiten ergiebigsten Aussagen in der analytischen Theorie der Polynome bietet der sog. Satz von *Grace*: Zwei komplexe Polynome in der Gestalt

$$f(z) = \sum_0^n \binom{n}{\nu} A_\nu z^\nu \quad \text{und} \quad g(z) = \sum_0^n \binom{n}{\nu} B_\nu z^\nu$$

vom Grade n heißen *apolar*, wenn sie der *Apolaritätsbedingung*

$$\Phi(A, B) \equiv \sum_0^n (-1)^\nu \binom{n}{\nu} A_\nu B_{n-\nu} = 0$$

genügen. Dann lautet der Satz von *Grace*[181]):

Sind $f(z)$ und $g(z)$ apolare Polynome vom Grade n, so enthält jedes Kreisgebiet, das alle Nullstellen des einen Polynoms enthält, auch wenigstens eine Nullstelle des anderen Polynoms.

Der einfachste Beweis dieses Satzes benutzt die Tatsache, daß die Polarform $\Phi(A, B)$ eine Invariante gegenüber linearen Abbildungen der Zahlenebene auf sich ist, wodurch mittels Abbildung einer Nullstelle in den unendlich fernen Punkt ein induktives Beweisverfahren ermöglicht wird[182]).

Folgerung des Satzes von *Grace* ist die Aussage: *Die Pferchbereiche $\mathfrak{P}(f)$ und $\mathfrak{P}(g)$ apolarer Polynome $f(z)$ und $g(z)$ vom Grade n sind nicht fremd zueinander.*

In Anbetracht der zentralen Stellung des Satzes von *Grace* hat man diesem Satze verschiedene Fassungen gegeben. Mit dem Satze von *Grace* gleichwertig sind folgende drei Aussagen:

180) *J. Dieudonné*, Comptes Rendus Acad. Paris **199**, 999—1001 (1934); Ann. Ec. norm. sup. (3) **54**, 101—150 (1937).

181) *J. H. Grace*, Proceedings Cambridge Phil. Soc. **11**, 352—357 (1902); vgl. *G. Szegö*, Math. Zeitschr. **13**, 28—55 (1922).

182) Vgl. *A. Cohn*, Math. Zeitschr. **14**, 110—148 (1922). Andere Beweise: *S. Kakeya*, Proceedings Phys. Math. Soc. Japan (3) **3**, 94—100 (1921); *J. Egerváry*, Acta Szeged **1**, 38—45 (1922); *J. L. Walsh*, Transactions Amer. Math. Soc. **24**, 163—180 (1922).

1. *Es bezeichne* $P(z) = P(z_1, z_2, \ldots, z_n)$ *ein in jeder Veränderlichen* z_ν *lineares, in den Veränderlichen* $z_1, z_2, \ldots, z_n$ *symmetrisches komplexes Polynom. Dann gibt es zu jeder Wertereihe* $\zeta_1, \zeta_2, \ldots, \zeta_n$ *aus einem (beliebigen) Kreisgebiet* $\mathfrak{C}$ *einen Wert* $\zeta \in \mathfrak{C}$, *der die Gleichung*

$$P(\zeta_1, \zeta_2, \ldots, \zeta_n) = P(\zeta, \zeta, \ldots, \zeta)$$

erfüllt[183]).

2. *Die Koeffizienten des Polynoms* $f(z) = \sum a_\nu z^\nu$ *vom Grade n mögen einer linearen Beziehung*

$$l_n a_0 + l_{n-1} a_1 + \ldots + l_0 a_n = 0$$

genügen. Dann liegt mindestens eine Nullstelle von $f(z)$ *in jedem Kreisgebiet, das alle Nullstellen des Polynoms* $g(z) = \sum (-1)^\nu \binom{n}{\nu} l_\nu z^\nu$ *enthält.*

3. *Die Nullstellen des Polynoms* $f(z) = \sum \binom{n}{\nu} A_\nu z^\nu$ *mögen dem Kreisgebiet* $|z| < 1$, *die Nullstellen des Polynoms* $g(z) = \sum \binom{n}{\nu} B_\nu z^\nu$ *dem Kreisbereich* $|z| \leqq 1$ *angehören. Dann liegen alle Nullstellen des komponierten Polynoms*

$$h(z) = \sum_0^n \binom{n}{\nu} A_\nu B_\nu z^\nu$$

im Kreisgebiet $|z| < 1$[184]).

J. Dieudonné[185]) hat die Frage nach allgemeineren Apolaritätsbedingungen für komplexe Polynome

$$f(z) = \sum_0^m \binom{m}{\mu} A_\mu z^\mu; \quad g(z) = \sum_0^n \binom{n}{\nu} B_\nu z^\nu$$

aufgeworfen. Ein komplexes Polynom $\Phi(A, B)$ der Koeffizienten A_μ, B_ν liefert eine Apolaritätsbedingung, wenn es genau dann verschwindet, falls jedes Kreisgebiet, das alle Nullstellen des einen Polynoms enthält, auch wenigstens eine Nullstelle des anderen Polynoms enthält. Notwendig ist dann $\Phi(A, B)$ eine Invariante der Polynome $f(z)$, $g(z)$ gegenüber allen linearen Abbildungen der Zahlenebene auf sich; es lassen sich auch (allerdings nicht leicht nachprüfbare) kennzeichnende Bedingungen für die zu Apolaritätsbedingungen führenden Invarianten $\Phi(A, B)$ angeben.

25. Multiplikative Komposition. Die im vorangehenden Abschnitt als letzte angegebene Fassung des Satzes von *Grace* gehört bereits in den Kreis der sog. *(multiplikativen) Kompositionssätze.* Als eines der ältesten

183) Eine algebraische Verallgemeinerung bei *L. Hörmander,* Math. Scand. **2,** 55—64 (1954).

184) Vgl. *A. Cohn,* Math. Zeitschr. **14,** 110—148 (1922).

185) Bull. Soc. Math. France **60,** 173—196 (1932). Vgl. auch *J. Favard,* Bull. Sci. Math. France (2) **60,** 79—96 (1936).

Ergebnisse in diesem Gedankenkreis ist der Satz von *E. Malo*[186]) zu erwähnen:

Besitzt von zwei Polynomen $f(z) = \sum a_\nu z^\nu$ und $g(z) = \sum b_\nu z^\nu$ (höchstens vom Grade n) das eine lauter reelle, das andere lauter positive Nullstellen, so besitzt das Polynom $h_1(z) = \sum a_\nu b_\nu z^\nu$ lauter reelle Nullstellen. Nach *I. Schur*[187]) besitzt unter gleichen Voraussetzungen auch das Polynom $h_2(z) = \sum \nu! a_\nu b_\nu z^\nu$ lauter reelle Nullstellen. Die Voraussetzungen dieser Sätze können noch dahingehend abgeschwächt werden, daß die Beschränkung der Nullstellen von $f(z), g(z)$ auf gewisse Winkelräume ausreicht, um die Realität der Nullstellen der Polynome $h_1(z)$, $h_2(z)$ zu sichern[188]).

Diese Kompositionssätze sind in mannigfacher Weise erweitert und auch auf das komplexe Gebiet ausgedehnt worden, weshalb wir uns darauf beschränken müssen, die allgemeinsten Ergebnisse anzugeben. Als Anwendung des Satzes von *Grace* hat *G. Szegö*[189]) nachstehenden Kompositionssatz gewonnen: *Komponiert man die Polynome*

$$f(z) = \sum \binom{n}{\nu} A_\nu z^\nu; \quad g(z) = \sum \binom{n}{\nu} B_\nu z^\nu$$

zum Polynom

$$h(z) = \sum \binom{n}{\nu} A_\nu B_\nu z^\nu,$$

so hat jede Nullstelle γ des Polynoms $h(z)$ die Gestalt $\gamma = -\alpha\beta$, wobei α eine Nullstelle des Polynoms $f(z)$ und β eine Stelle eines (beliebigen) Kreisgebietes bezeichnet, das alle Nullstellen des Polynoms $g(z)$ enthält. Der Pferchbereich $\mathfrak{P}(h)$ ist also im Produktbereich $-\mathfrak{P}(f)\mathfrak{P}(g)$ der Pferchbereiche $\mathfrak{P}(f)$ und $\mathfrak{P}(g)$ enthalten.

Gehören die Nullstellen der Polynome $f(z)$ und $g(z)$ insbesondere den Kreisbereichen $|z| \leqq r$ bzw. $|z| \leqq s$ an, so liegen die Nullstellen des komponierten Polynoms $h(z)$ im Kreisbereich $|z| \leqq rs$ [190]), aber auch im Kreisbereich $|z| \leqq rs^*$ mit der Konstanten

$$s^* = \max_{0 \leqq \nu < n} \left| \sqrt[n-\nu]{\frac{B_\nu}{B_n}} \right| \text{ }^{191}).$$

Sonderfälle des Satzes von *G. Szegö* und Verallgemeinerungen der Sätze von *E. Malo* und *I. Schur* haben *T. Takagi*[192]), *L. Weisner*[193]), *N. G.*

186) Journal Math. spéc. (4) **4**, 7—10 (1895).
187) Journal reine angew. Math. **147**, 205—232 (1917); **148**, 122—145 (1918).
188) *N. Obreschkoff*, Doklady Akad. Nauk USSR, n. Ser. **85**, 489—492 (1952).
189) Math. Zeitschr. **13**, 28—55 (1922).
190) Vgl. *J. Egerváry*, Acta Szeged **1**, 38—45 (1922).
191) *D. Markovitsch*, Bull. Soc. Math. Phys. Serbie **3**, 11—14 (1951).
192) Proceedings Phys. Math. Soc. Japan **3**, 175—179 (1921).
193) Amer. Journal Math. **64**, 55—60 (1942).

de Bruijn[194]) angegeben: Liegen die Nullstellen der Polynome

$$f(z) = \sum a_\nu z^\nu \text{ und } g(z) = \sum b_\nu z^\nu$$

in den Sektoren

$$\alpha_0 \leqq \arg z \leqq \alpha_1 \text{ bzw. } \beta_0 \leqq \arg z \leqq \beta_1 \text{ mit } 0 \leqq \alpha_1 - \alpha_0 < \pi;\ 0 \leqq \beta_1 - \beta_0 < \pi,$$

so gehören die Nullstellen der Polynome

$$h_1(z) = \sum a_\nu b_\nu z^\nu;\quad h_2(z) = \sum \nu! a_\nu b_\nu z^\nu;\quad h(z) = \sum (n-\nu)!\, \nu!\, a_\nu b_\nu z^\nu$$

dem Sektor

$$\alpha_0 + \beta_0 - \pi \leqq \arg z \leqq \alpha_1 + \beta_1 - \pi$$

an. Liegen die Nullstellen der Polynome $f(z)$ und $g(z)$ im Sektor

$$\alpha_0 \leqq \arg z \leqq \alpha_1 \text{ mit } 0 \leqq \alpha_1 - \alpha_0 < \pi$$

bzw. auf der reellen Zahlengeraden, so gehören die Nullstellen der Polynome $h_1(z)$, $h_2(z)$ und $h(z)$ dem Doppelsektor $\alpha_0 \leqq \arg(\pm z) \leqq \alpha_1$ an.

Andersgeartete Kompositionssätze, die die soeben angegebenen Ergebnisse in anderer Richtung verallgemeinern, verdankt man *M. Marden*[195]): Aus den Polynomen

$$f(z) = \sum_0^m a_\mu z^\mu \quad \text{und} \quad g(z) = \sum_0^n b_\nu z^\nu$$

bilde man das Polynom

$$h(z) = \sum_0^m a_\mu g(\mu) z^\mu.$$

Gehören dann alle Nullstellen von $f(z)$ dem Ringbereich

$$0 \leqq r_1 \leqq |z| \leqq r_2 \leqq \infty,$$

alle Nullstellen von $g(z)$ dem Ringbereich

$$0 \leqq \varrho_1 \leqq \frac{|z|}{|z-m|} \leqq \varrho_2 \leqq \infty$$

an, so liegen die Nullstellen von $h(z)$ im Ringbereich

$$r_1 \min(1, \varrho_1^n) \leqq |z| \leqq r_2 \max(1, \varrho_2^n).$$

Gehören hingegen die Nullstellen von $f(z)$ dem Sektor

$$\alpha_0 \leqq \arg z \leqq \alpha_1 \text{ mit } 0 \leqq \alpha_1 - \alpha_0 < \pi,$$

194) Nieuw Arch. Wiskunde (2) **23**, 66—68 (1949).
195) Bull. Amer. Math. Soc. **49**, 93—100 (1943).

die Nullstellen von $g(z)$ dem Mondbereich

$$\beta_0 \leqq \arg\left(\frac{z}{z-m}\right) \leqq \beta_1 \quad \text{mit } |\beta_0| + |\beta_1| \leqq \frac{1}{n}(\pi - \alpha_1 + \alpha_0)$$

an, so liegen die Nullstellen von $h(z)$ im Sektor

$$\alpha_0 + \min(0, n\beta_0) \leqq \arg z \leqq \alpha_1 + \max(0, n\beta_1).$$

Die Beweise ergeben sich durch Anwendung des Satzes von *Grace* mittels einer Induktion (nach den Nullstellen des Polynoms $g(z)$) aus dem Satze[196]): Gehören die Nullstellen eines komplexen Polynoms $f(z)$ vom Grade m einem Kreisgebiet $\mathfrak{C}$ an, so liegt jede Nullstelle des Polynoms $f_1(z) = \gamma f(z) - z f'(z)$ mit einer vom Grade m verschiedenen komplexen Zahl γ entweder im Kreisgebiet $\mathfrak{C}$ oder im Kreisgebiet $\frac{\gamma}{\gamma - m}\mathfrak{C}$.

26. Lineare Komposition. Die (im Abschnitt **20** angegebene) allgemeinste Fassung des Satzes von *Gauß-Lucas*, die man *M. Marden* verdankt, erlaubt auch eine Anwendung auf lineare Kompositionen von Polynomen gleichen Grades in folgender Gestalt:

Die Nullstellen der normierten komplexen Polynome $f_\varkappa(z)$ vom Grade n (für $1 \leqq \varkappa \leqq k$) mögen einem konvexen Bereich $\mathfrak{K}$ angehören, die komplexen Zahlen $m_\varkappa$ der Beschränkung $\varphi_0 \leqq \arg m_\varkappa \leqq \varphi_0 + \delta < \varphi_0 + \pi$ unterliegen. Dann liegen die Nullstellen des Polynoms

$$f(z) = \sum_\varkappa m_\varkappa f_\varkappa(z)$$

(vom Grade n) sämtlich im Sternbereich $\mathfrak{S}\left(\mathfrak{K}; \frac{\pi - \delta}{n}\right)$.

Aus dem Satze von *Grace* gewinnt man auch folgendes Resultat im allgemeinen Falle: Die Nullstellen der normierten komplexen Polynome $f_\varkappa(z)$ der Grade $n_\varkappa$ mögen für $1 \leqq \varkappa \leqq k$ bezüglich den Kreisbereichen $\mathfrak{C}_\varkappa$ angehören. Dann gehören die Nullstellen des Polynoms

$$f(z) = \sum_\varkappa m_\varkappa f_\varkappa(z)$$

sämtlich dem Bereich $\mathfrak{B}$ aller Wurzeln ζ aller Gleichungen

$$\sum_\varkappa m_\varkappa (\zeta - \alpha_\varkappa)^{n_\varkappa} = 0$$

an, in denen die Zahlen $\alpha_\varkappa$ unabhängig voneinander bezüglich in den Kreisbereichen $\mathfrak{C}_\varkappa$ variieren.

Die Bestimmung des Bereiches $\mathfrak{B}$ ist allgemein sehr schwierig und daher eingehend nur im Sonderfall $k = 2$; $n_1 = n_2 = n$ durchgeführt. Es seien

196) Vgl. auch *R. Ballieu*, Mém. Soc. Roy. Sci. Liège (IV) **1**, 85—181 (1936).

$f_1(z)$, $f_2(z)$ normierte komplexe Polynome vom Grade n; es seien m eine von 1 verschiedene komplexe Zahl und ω_ν (für $1 \leqq \nu \leqq n$) ihre n-ten Wurzeln. Liegen dann die Nullstellen von $f_1(z)$ und $f_2(z)$ in den Kreisbereichen

$$\mathfrak{C}_1 = \{|z - c_1| \leqq r_1\} \text{ bzw. } \mathfrak{C}_2 = \{|z - c_2| \leqq r_2\},$$

so gehört jede Nullstelle des Polynoms $f(z) = f_1(z) - m f_2(z)$ wenigstens einem der Kreisbereiche

$$|z(1 - \omega_\nu) - (c_1 - \omega_\nu c_2)| \leqq r_1 + |\omega_\nu| r_2 \qquad (\text{für } 1 \leqq \nu \leqq n)$$

an. Liegen (unter gleichen Voraussetzungen) die Nullstellen von $f_1(z)$ im Kreisbereich $\mathfrak{C}_1' = \{|z - c_1| \geqq r_1\}$, die Nullstellen von $f_2(z)$ im Kreisbereich $\mathfrak{C}_2' = \{|z - c_2| \leqq r_2 < r_1 |m|^{-1/n}\}$, so gehört jede Nullstelle des Polynoms $f(z) = f_1(z) - m f_2(z)$ wenigstens einem der Kreisbereiche

$$|z(1 - \omega_\nu) - (c_1 - \omega_\nu c_2)| \geqq r_1 - |\omega_\nu| r_2 \qquad (\text{für } 1 \leqq \nu \leqq n)$$

an. Falls die Kreisbereiche $\mathfrak{C}_1$, $\mathfrak{C}_2$ fremd sind, bleibt diese Aussage (unter Fortlassung der Wurzel $\omega_\nu = 1$) auch im Falle $m = 1$ gültig[197]).

Liegen die Nullstellen von $f_1(z)$ im Kreisbereich $\mathfrak{C}_1' = \{|z - c_1| \geqq r_1\}$, die Nullstellen von $f_2(z)$ im Kreisbereich $\mathfrak{C}_2 = \{|z - c_2| \leqq r_2\}$, und sind $\mathfrak{C}_1$, $\mathfrak{C}_2$ fremd, so liegt keine Nullstelle des Polynoms $f(z) = f_2(z) - m f_2(z)$ mit $|m| \leqq 1$ im Innern derjenigen Ellipse, die die Zentren c_1, c_2 als Brennpunkte und $|r_1 - r_2|$ als große Achse besitzt.

Liegen die Nullstellen von $f_1(z)$ im Kreisbereich $\mathfrak{C}_1 = \{|z - c_1| \leqq r_1\}$, die Nullstellen von $f_2(z)$ im Kreisbereich $\mathfrak{C}_2 = \{|z - c_2| \leqq r_2\}$, und sind $\mathfrak{C}_1, \mathfrak{C}_2$ fremd zueinander, so bezeichne H diejenige Hyperbel, die die Zentren c_1, c_2 als Brennpunkte und $r_1 + r_2$ als reelle Achse besitzt, und $\mathfrak{H}_1$ bzw. $\mathfrak{H}_2$ das von H begrenzte Gebiet, dem der Brennpunkt c_1 bzw. c_2 angehört. Dann liegen die Nullstellen von $f(z) = f_1(z) - m f_2(z)$ im Falle $|m| \geqq 1$ außerhalb von $\mathfrak{H}_1$, im Falle $|m| \leqq 1$ außerhalb von $\mathfrak{H}_2$[198]).

Eingehendere Untersuchungen liegen vor für lineare Kompositionen eines komplexen Polynoms und seiner Ableitungen; die allgemeinste Aussage liefert der folgende Satz von *J. L. Walsh*[199]): Sind

$$f(z) = \sum_0^n A_\nu \frac{z^\nu}{\nu!} \quad \text{und} \quad g(z) = \sum_0^n B_\nu \frac{z^\nu}{\nu!}$$

---

197) *J. L. Walsh*, Transactions Amer. Math. Soc. **24**, 163—180 (1922).

198) *J. L. Walsh*, Amer. Math. Monthly **29**, 112—114 (1922); *G. v. Sz. Nagy*, Bull. Amer. Math. Soc. **53**, 1164—1169 (1947). Vgl. auch *M. Marden*, The geometry of zeros.

199) Vgl. 197).

komplexe Polynome vom Grade n, so besitzt jede Nullstelle ζ des Polynoms

$$h(z) = \sum_0^n A_\nu g^{(n-\nu)}(z) = \sum_0^n B_\nu f^{(n-\nu)}(z)$$

die Gestalt $\zeta = \alpha + \beta$ mit einer Stelle α des Pferchbereichs $\mathfrak{P}(f)$ und einer Nullstelle β des Polynoms $g(z)$ (oder umgekehrt). Der Pferchbereich $\mathfrak{P}(h)$ gehört daher dem Summenbereich $\mathfrak{P}(f) + \mathfrak{P}(g)$ der Pferchbereiche von $f(z)$ und $g(z)$ an[200]).

Sind insbesondere die Nullstellen von $f(z)$ und $g(z)$ reell, so sind auch die Nullstellen von $h(z)$ reell[201]). Liegen die Nullstellen von $f(z)$ und $g(z)$ in den Kreisbereichen $|z| \leqq r$ bzw. $|z| \leqq s$, so gehören sämtliche Nullstellen von $h(z)$ dem Kreisbereich $|z| \leqq r + s$ an[202]). Gehören allgemeiner die Nullstellen von $f(z)$ bzw. $g(z)$ den Kreisbereichen $|z - c_1| \leqq r_1$ bzw. $|z - c_2| \leqq r_2$ an, so liegen die Nullstellen von $h(z)$ im Kreisbereich

$$|z - c_1 - c_2| \leqq r_1 + r_2 .$$

Eine Verallgemeinerung dieses Satzes, die wiederum leicht als Anwendung des Satzes von *Grace* gewonnen werden kann, stammt gleichfalls von *J. L. Walsh*[203]): Die Nullstellen der komplexen Polynome $f_1(z)$, $f_2(z)$ vom Grade m_1 bzw. m_2 mögen den Kreisbereichen $\mathfrak{C}_1 = \{|z - c_1| \leqq r_1\}$ bzw. $\mathfrak{C}_2 = \{|z - c_2| \leqq r_2\}$ angehören. Das Polynom $g(z)$ (höchstens vom Grade $n < m_1 + m_2$) besitze die Gestalt

$$g(z) = \sum_0^n \binom{m_1}{\nu}\binom{m_2}{n-\nu} B_\nu z^{n-\nu} = b z^q \prod_1^p (z - \beta_\lambda) \qquad (p + q \leqq n)$$

mit von 0 und 1 verschiedenen Nullstellen. Dann liegen die Nullstellen des Polynoms

$$h(z) = \sum_0^n \binom{n}{\nu} B_\nu f_1^{(\nu)}(z) f_2^{(n-\nu)}(z)$$

entweder im Kreisbereich $\mathfrak{C}_1$ (nur falls $m_1 > n$) oder im Kreisbereich $\mathfrak{C}_2$ (nur falls $m_2 > n$) oder in einem der p Kreisbereiche

$$|z(1 - \beta_\lambda) - (c_1 - \beta_\lambda c_2)| \leqq r_1 + |\beta_\lambda| r_2 \quad (\text{für } 1 \leqq \lambda \leqq p) .$$

---

200) *T. Takagi*, Proceedings Phys. Math. Soc. Japan **3**, 175—179 (1921).

201) *E. Laguerre*, Journal Math. pures et appl. (3) **9**, 99—147 (1883).

202) *S. Kakeya*, Proceedings Phys. Math. Soc. Japan (3) **3**, 94—100 (1922).

203) Transactions Amer. Math. Soc. **24**, 163—180 (1922). Vgl. auch *D. R. Curtiss*, Transactions Amer. Math. Soc. **24**, 181—184 (1922); *N. G. de Brujin*, Nieuw Arch. Wiskunde (2) **23**, 69—76 (1949).

27. Entwicklungen nach Orthogonalsystemen. Von *P. Turán*[204]) ist die Frage aufgeworfen worden, in welcher Weise aus den Koeffizienten eines komplexen Polynoms

$$f(z) = b_0\varphi_0(z) + b_1\varphi_1(z) + \dots + b_n\varphi_n(z)$$

vom Grade n in der Entwicklung nach einem beliebigen Orthogonalsystem $(\varphi_n(z))$ Aussagen über die Nullstellenverteilung gewonnen werden können[205]).

Zu jeder nichtnegativen Belegungsfunktion $g(\vartheta)$ des Intervalls $-\pi \leqq \vartheta \leqq +\pi$, für die das (*Lebesgue*sche) Integral

$$\frac{1}{2\pi}\int_{-\pi}^{+\pi} g(\vartheta)\,d\vartheta = c_0 > 0$$

existiert, läßt sich ein orthonormiertes System komplexer Polynome

$$\varphi_n(z) = p_{n0} + p_{n1}z + \dots + p_{nn}z^n \qquad (\text{für } 0 \leqq n < \infty)$$

mit positiven höchsten Koeffizienten p_{nn} bestimmen, das den Orthogonalitätsrelationen

$$\frac{1}{2\pi}\int_{-\pi}^{+\pi} \varphi_m(e^{i\vartheta})\overline{\varphi_n(e^{i\vartheta})}\,g(\vartheta)\,d\vartheta = \begin{cases} 0, & \text{wenn } m \neq n\,, \\ 1, & \text{wenn } m = n\,, \end{cases}$$

genügt. Besitzt das Polynom $f(z)$ vom Grade n die Gestalt

$$f(z) = b_0\varphi_0(z) + b_1\varphi_1(z) + \dots + b_n\varphi_n(z)$$

und die der absoluten Größe $|\zeta_1| \geqq |\zeta_2| \geqq \dots \geqq |\zeta_n|$ nach geordneten Nullstellen $\zeta_1, \zeta_2, \dots, \zeta_n$, so bestehen die Ungleichungen

$$|\zeta_1\zeta_2\dots\zeta_k| \leqq \frac{(|b_0|^2 + |b_1|^2 + \dots + |b_n|^2)^{\frac{1}{2}}}{|b_n|} \qquad (\text{für } 1 \leqq k \leqq n)\,.$$

Ist $h(z)$ eine nichtnegative Belegungsfunktion der reellen Zahlengeraden, für die die (*Lebesgue*schen) Integrale

$$c_n = \int_{-\infty}^{+\infty} x^n h(x)\,dx \quad \text{mit} \quad c_0 = \int_{-\infty}^{+\infty} h(x)\,dx > 0$$

existieren, so läßt sich ein orthonormiertes System reeller Polynome

$$\psi_n(z) = q_{n0} + q_{n1}z + \dots + q_{nn}z^n \qquad (\text{für } 0 \leqq n < \infty)$$

204) Comptes Rendus du I. Congr. Math. Hongr. **1950**, 267—290.

205) *W. Specht*, Math. Nachr. **15**, 353—374 (1957).

mit positiven höchsten Koeffizienten $q_{nn} = \lambda_n$ bestimmen, das den Orthogonalitätsrelationen

$$\int_{-\infty}^{+\infty} \psi_m(x)\,\psi_n(x)\,h(x)\,dx = \begin{cases} 0, & \text{wenn } m \neq n\,, \\ 1, & \text{wenn } m = n\,, \end{cases}$$

genügt.

Jede Nullstelle ζ des komplexen Polynoms

$$f(z) = b_0\psi_0(z) + b_1\psi_1(z) + \ldots + b_n\psi_n(z)$$

vom Grade n liegt im Streifen

$$|\mathfrak{J}z| \leqq \frac{\lambda_{n-1}}{\lambda_n}\,\frac{(|b_0|^2 + |b_1|^2 + \ldots + |b_{n-1}|^2)^{\frac{1}{2}}}{|b_n|}\,.$$

Bestimmt man die einzige positive Wurzel ϱ der Gleichung

$$\lambda_0|b_0| + \lambda_1|b_1|\varrho + \ldots + \lambda_{n-1}|b_{n-1}|\varrho^{n-1} - \lambda_n|b_n|\varrho^n = 0$$

oder die Größen

$$\alpha = \max_{1\leqq\nu\leqq n}\left(\left|\sqrt[\nu]{\frac{\lambda_{n-\nu}\,b_{n-\nu}}{\lambda_n\,b_n}}\right|\right) \quad \text{und} \quad \beta = \max_{0\leqq\nu<n}\left(\frac{\lambda_\nu\,|b_\nu|}{\lambda_n\,|b_n|}\right),$$

so liegen die Nullstellen von $f(z)$ auch in den Streifen

$$|\mathfrak{J}z| \leqq \varrho < 1 + \beta \quad \text{bzw.} \quad |\mathfrak{J}z| < 2\alpha\,.$$

Für die zur Belegungsfunktion $h(x) = \exp\left(-\frac{x^2}{2}\right)$ gehörigen *Hermite*schen Polynome $H_n(z)$ hat *P. Turán*[206]) selbst diese Ergebnisse erhalten.

Analoge Abschätzungen[207]) lassen sich für die absoluten Beträge der Nullstellen eines Polynoms

$$f(z) = d_0D_0(z) + d_1D_1(z) + \ldots + d_nD_n(z)$$

vom Grade n gewinnen, das nach einem der Rekursionsgleichung

$$D_{n+1}(z) = (z - a_{n+1})D_n(z) - b_nD_{n-1}(z)$$

mit komplexen Koeffizienten genügenden Polynomsystem $(D_n(z))$ mit Anfangsgliedern $D_0(z) = 1$ und $D_1(z) = z - a_1$ entwickelt ist.

206) Arch. der Math. **5**, 148—152 (1954). Vgl. auch *P. Turán*, Bull. Amer. Math. Soc. **55**, 797—800 (1949).

207) *W. Specht*, Math. Nachr. **16**, 369—389 (1958).